オールカラー　絵と文章でわかりやすい!

図解雑学
よくわかる
電気のしくみ

電気技術研究会＝著

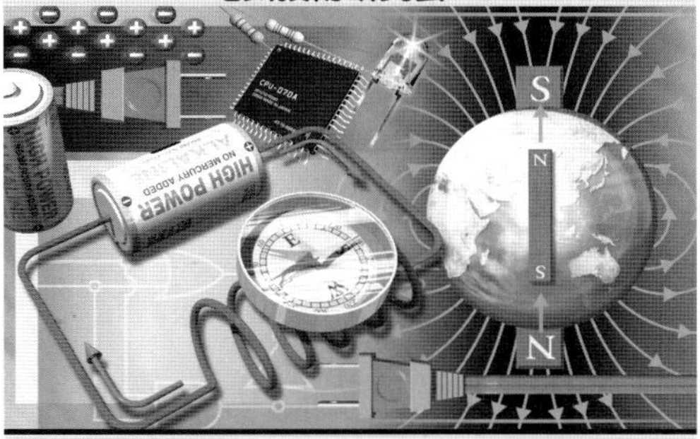

ナツメ社

はじめに

古来から、静電気・雷・磁気・生物電気などの自然現象は知られていましたが、その正体はなかなかわかりませんでした。雷の研究をしていたアメリカの才人フランクリンが、1760年頃にプラス(＋)とマイナス(－)という電気の2種類の状態を提言してから、電気の正体がだいぶ推察できるようになってきました。

1800年頃、イタリアの科学者ボルタによって電源になる電池が発明され、人工的に電気を流せるようになってから、電気現象を本格的に研究できるようになりました。しかし、当時は、電気の流れを測る機械がありませんでした。研究者たちは、どのようにして電気が流れていることを確かめたのでしょうか？　研究者が「電気はプラス(＋)からマイナス(－)へ流れるということにしよう」と決めた後、電子は電気と逆向きに移動しているということが明らかになりましたが、電子の流れている向きをどのようにして確認したのでしょうか？

皆さんは、粒のような電子が移動するイラストを学校の教科書などで見たことがあるかもしれません。電子はとても小さいのですが、実際に見ることができるのでしょうか？　本当に粒のようなものなのでしょうか？　それとも霧のようなものなのでしょうか？　そのとても小さい電子の一粒を捕まえようとした人たちがいました。さらに、「物質はエネルギーだ」と言い切ったドイツの物理学者アインシュタインの考えは、どういう影響を及ぼしたのでしょうか？

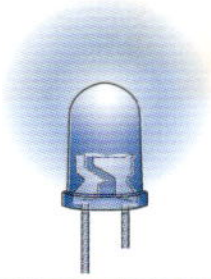

私たちは今、エアコン、電子レンジ、携帯電話、パソコンなど、便利で高性能な電気製品に囲まれて生活しています。でも、テレビを見る時にテレビの構造や原理のことを考える人はほとんどいませんね。電気製品は、中身のことがわからなくても使えるように設計・製造されているからです。そして、現代社会では、電気が空気のように消費されています。しかし、電池が発明されてからわずか200年という凄まじい速さで現在の状況に至ったその背景には、多くの先人たちの努力がありました。

この本は、目に見えない電気の不思議に挑戦した人たちがどうやって謎を解いていったのか、その進歩・発展の産物である電気製品や電気技術がどのような仕組みでできているのかについて、イラストを用いて紹介することで、電気について少し詳しくなり、電気が少し好きになってほしいという思いでつくりました。電気の知識がない人にも見てもらえるよう、数式はほとんど示していません。

でも心配しないでください。本文を読み、イラストを見ることで、電気のイメージがだいたいわかるようにしてあります。そういうふうに利用していただければ十分です。

もちろん、この本だけで電気の基本を知るには足りない項目も多いのですが、目で見ることのできない電気について、まったく取り付く島もないと感じる人が、電気の不思議な世界を旅するための杖となれれば幸いです。

著　者

CONTENTS

第1章 電気とは？

1－1 電気という言葉 12
いろいろな意味で使われる「電気」という言葉！

1－2 エネルギー、力、電気 14
電気はエネルギーと力に関係！

1－3 電気の働き 16
電気はエネルギーを利用するための手段！

1－4 体験できる電気 18
身近に体験できる電気はいっぱいある！

1－5 電気の正体 20
－の電子の移動が電気の正体！

1－6 自由電子 22
自由電子とは何者？

1－7 導体、絶縁体、誘電体、半導体 24
電流が流れやすい物質と流れにくい物質！

1－8 電圧 26
電流を流れやすくするのが電圧！

1－9 電位と電位差 28
電圧と電位差は同じ意味？

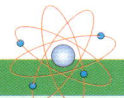

CONTENTS

1－10　電流　30
電流は電子の流れそのもの！

1－11　電力と電気エネルギー　32
電力は電気エネルギーそのもの！

1－12　電力量と消費電力　34
電力量は電気機器の消費電力のこと！

1－13　抵抗　36
電流に抵抗して電気を利用し、電流の制御もする！

1－14　可変抵抗　38
ラジオのボリュームは可変抵抗！

1－15　オームの法則　40
オームの法則は電気の基本的な原理！

1－16　直流と交流　42
電池は直流、建物の電気コンセントは交流！

1－17　交流の周波数と周期　44
周波数は交流の反復度合い！

1－18　交流の実効値　46
交流の実効値は直流と同じ電圧にする平均値！

Column #1　静電遮蔽／周波数変換所　48

第 2 章

電気の基礎を築いた人たち

2－ 1　静電気と人類の関わり 50
身近に体験できた不思議な静電気！

2－ 2　ゲーリッケの硫黄球　ガラス電気と樹脂電気 52
静電気をたくさんつくる機械の発明！

2－ 3　ライデン瓶 54
静電気貯蔵装置ライデン瓶の発明！

2－ 4　ボルタの電気盆 56
静電気貯蔵装置の改良型、電気盆の発明！

2－ 5　ボルタの箔検電器 58
静電気を測る箔検電器の発明！

2－ 6　ボルタの畜電器 60
電気盆の実験から生まれたコンデンサの原型！

2－ 7　雷と人類の関わり　フランクリンの凧 62
雷の正体を突き止めたフランクリン！

2－ 8　クーロンの法則 ガウスの法則 ウェーバの法則 64
電気による力の科学的な解明！

2－ 9　生物電気と人類の関わり 66
生物に宿る電気現象の研究！

2－10　ボルタの電池 68
実体験とアイデアから生まれた最初の電池！

2－11　電気分解の発見 70
物質の組成解明に貢献した電気分解！

2－12　熱電効果の発見　ゼーベック効果とペルチェ効果 72
ボルタ電池の追求で生まれた熱と電気の関係！

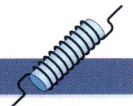

CONTENTS

2 − 13 オームの法則とキルヒホッフの法則 74
オームの法則からキルヒホッフの法則へ！

2 − 14 磁気と人類の関わり 76
正体不明だが古くから使われていた方位磁針！

2 − 15 磁気、磁力、磁石 78
磁石の不思議！

2 − 16 電気と磁気の関係の発見　コイル 80
電気と磁気は関係があった！

2 − 17 アンペールの右ねじの法則 82
電流が磁界をつくった！

2 − 18 スタージョンの電磁石　ファラデーの電磁誘導 84
磁界の変化が電流をつくった！

2 − 19 自己誘導と相互誘導　ヘンリーとレンツの活躍 86
電流と磁界の関係が明らかになった！

2 − 20 フレミングの法則 88
電磁気と力の複雑な関係を整理した便利な法則！

2 − 21 発電機の発明 90
蒸気機関から発電機・電動機へ！

2 − 22 電動機(電気モーター)の発明 92
発電機と同時進行で開発された電動機！

2 − 23 エジソンの直流電力 94
白熱電球、直流発電機、そして直流発電所！

2 − 24 テスラの交流電力 96
総合力で優位となっていく交流電力！

2 − 25 発電機と電動機のその後 98
発電機と電動機の基本原理は昔のまま！

2 − 26 蒸気機関車から電気機関車へ 100
電動機と送電技術の進歩で実用化した電車！

2 − 27　電気の通信への応用　モールス信号　102
電気の発展が通信の発展に寄与！

2 − 28　ベルの電話と無線通信の開発　104
電信から電話へ、有線から無線へ　通信の進化！

2 − 29　電磁波とマクスウェルの電磁場理論　106
物理学の統一　難解な研究領域に入る電磁波！

2 − 30　電磁場理論を実証したヘルツ　108
電磁波の存在を証明した電気火花の実験！

2 − 31　陰極線、ローレンツ力、トムソンによる電子の発見　110
ついに見たり、電気の正体　電子の発見！

2 − 32　レントゲンによるＸ線の発見　112
電磁気学は、さらに難解な原子物理学へ！

2 − 33　光電効果　114
光は波、光は粒子、光速度は不変　摩訶不思議？

2 − 34　マイケルソンとモーリーの光速度の測定実験　116
宇宙空間はからっぽだった！

2 − 35　アインシュタインの相対性理論と$E=mc^2$　118
時間や空間は伸縮、物質はエネルギー　何のこと？

2 − 36　光通信　レーザー光線と光ファイバーの発明　120
意外と古い光通信の歴史！

2 − 37　超電導とリニアモーターの発明　122
実用化なるか？　電気抵抗が０になる夢の現象！

2 − 38　ブラウン管とテレビの発明　124
技術が融合したブラウン管テレビ！

2 − 39　液晶の発見と液晶パネルの発明　126
表示装置に革命を起こした液晶技術！

Column #2　記録メディア／CCDとCMOS　128

CONTENTS

第3章

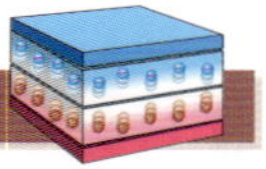

電力システムと重要な電子素子

3－1　発電、送電、変圧(変電)　130
電力システムの命運を握る発電と送電！

3－2　発電システム(1)　水力　132
依然、発電効率ナンバーワンの水力！

3－3　発電システム(2)　火力　134
歴史が古くもっとも使いやすい火力！

3－4　発電システム(3)　内燃機関とガスタービン　136
自動車や航空機の技術を利用したエンジン系！

3－5　発電システム(4)　原子力　138
放射能との戦いが続く、両刃の剣の原子力！

3－6　発電システム(5)　太陽電池と風力　140
エネルギーの切り札になれるか、太陽電池と風力！

3－7　発電システム(6)　燃料電池　142
アイデアは100年以上前から！

3－8　発電システム(7)　その他　144
まだまだある発電システム！

3－9　電線　146
高度な技術が隠れる立役者、電線！

3－10　変圧器(トランス)と変電　148
送電システムの便利屋、変圧器！

3－11　電池と充電、蓄電　150
電池のさらなる進化が地球を救う！

3－12　乾電池、充電池　152
一次電池から二次電池へ、省エネ電池の時代へ！

3 − 13　コンデンサ　154
コンデンサの単純で器用な振る舞い！

3 − 14　ダイオード　156
半導体の祖、ダイオード！

3 − 15　発光ダイオード　158
照明機器のホープ、発光ダイオード！

3 − 16　インバータ　160
器用で多才なアイデア回路、インバータ！

3 − 17　真空管　162
一時代を築いた半導体の名選手、真空管！

3 − 18　トランジスタ　164
電子素子の基幹素子、トランジスタ！

3 − 19　半導体、IC、LSI　166
電気製品を支える基幹素子、LSI！

3 − 20　コンピュータ　168
科学技術の基盤を支える電子計算機！

Column #3　ロボット、ナノマシーン、サイボーグ　170

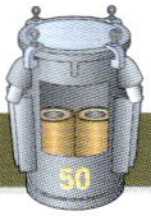

第4章
身近な電気の現代技術

4 − 1　一般住宅への配電(1)　三相交流　172
送電効率を上げ、電圧調整が容易な三相交流！

4 − 2　一般住宅への配電(2)　電力量計、分電盤、アース　174
電化生活を陰で支える電気機器！

CONTENTS

〈人物の表記について〉
本文で紹介する人物の名は姓(ファミリーネーム)で表記します。おもな人物のフルネーム・出身国・生没年・おもな業績については、付録1にまとめて示しました。なお、フルネームが長い人物については誤解のない範囲で一部省略しています。

第 1 章

電気とは？

さて、電気の不思議な世界に入っていく前に、どうしても知っておいてほしいことがあります。それは、基本的な電気用語や身近な電気です。

電気にはたくさんの専門用語が出てきますが、この本を読み進めるにあたって、電気の基本的な用語だけは知っておいてください。といっても、そういう用語があることだけ知っていただくだけで十分です。電気が嫌い、電気がわからない、このような電気についての接近を妨げる大きな要因となっているのは、実は電気の世界にたくさん出てくる専門用語なのです。また、誰でも知っている身近な電気について、少し科学的な説明をしておきます。

いずれも、第２章以降を読み進める準備運動と考えてページをめくってください。

電気の不思議 1−1

電気という言葉

いろいろな意味で使われる「電気」という言葉！

■ 電気という言葉の正しい定義

「電気」。普段当たり前のように使われているこの言葉。しかし、その正確な定義とは別に、かなり曖昧で汎用的な意味がまかり通っています。

「電気がきている」といえば「電圧」があることを、「電気がない」といえば「電圧」がないことを、「電気が流れる」「電気が通る」「電気が漏れる」といえば「電流」があることを、「電気を使う」「電気を喰う」といえば「電力」を消費していることを示しています。

部屋の照明を付けたり消したりすることを「電気を付ける」「電気を消

【電気がきている】

【電気がない】

す」、電気製品の電源をオンオフすることを「電気を入れる」「電気を切る」などといいます。

このように日常生活では、電気という言葉自体は都合良く扱われることがしばしばです。 それは、電気というものが目に見えない正体不明の相手だからかもしれません。

■ 電気の基本用語

しかし、電気の不思議を紐《ひも》解くためには、もう少し正確に使い分ける必要があります。

電気とは、その正体は「電流」のことを意味し、「電流」が生じるためには「電圧」が必要であり、私たちの役に立つという面では「電力」を意味していると考えてください。この「電流」「電圧」「電力」という中学校理科で習う３つの用語の意味は、電気の基本中の基本です。この３つの用語の概念がわかれば、電気とより親しくなれることでしょう。

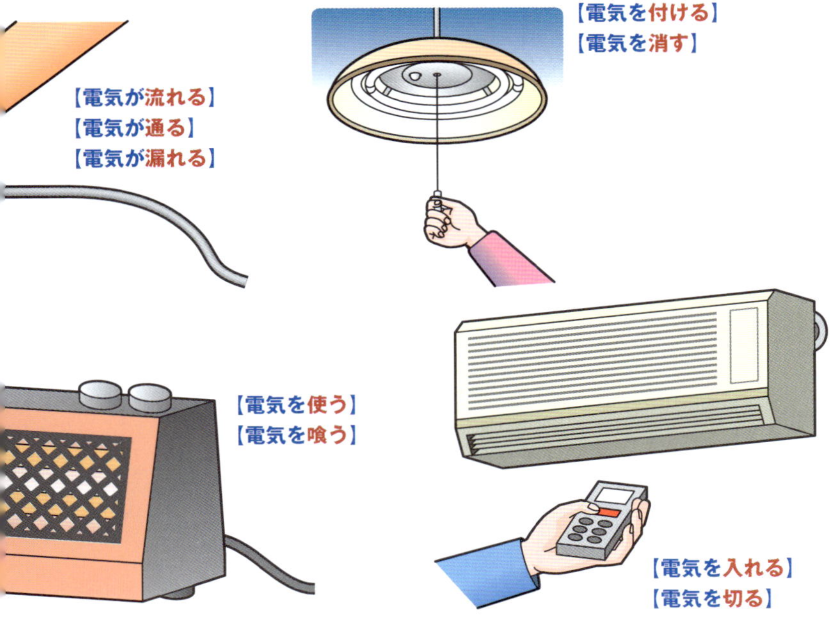

エネルギー、力、電気

電気はエネルギーと力に関係！

■ エネルギー、仕事、力

「エネルギー」。この言葉も誰でもよく使うと思います。その意味も何となくわかっていると思います。

「エネルギー」を物理学的に日本語化すると「仕事」や「仕事量」になりますが、正確に定義しようとすると大変です。また、「エネルギー」と「力」を混同して使いがちですが、物理学の世界では異なる定義がされています。

【宇宙に満ちるエネルギーの数々】

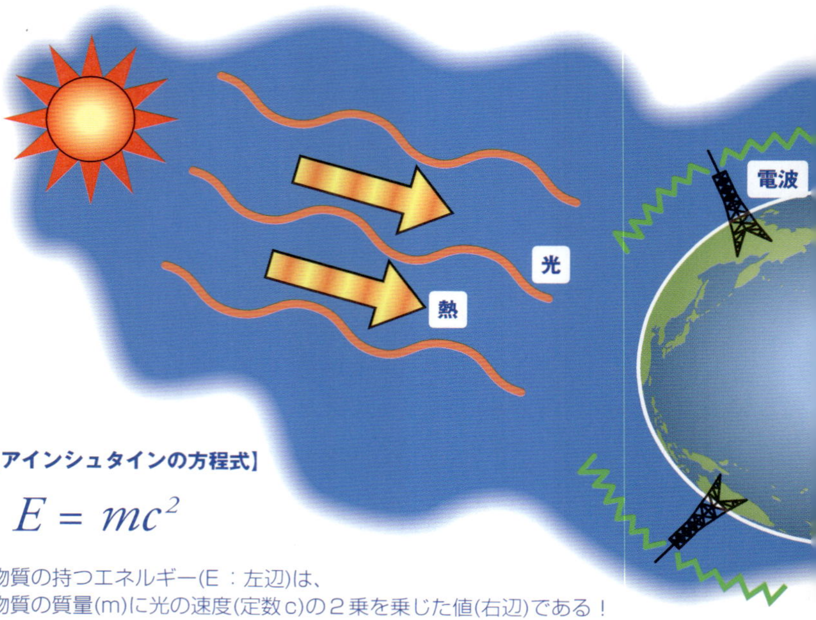

【アインシュタインの方程式】

$$E = mc^2$$

物質の持つエネルギー(E：左辺)は、
物質の質量(m)に光の速度(定数c)の２乗を乗じた値(右辺)である！

でも、電気の正体に近づく程度ならば、これらの違いをあまり気にしなくてもよいでしょう。この本でも、わかりやすく語るため、正確には使い分けていません。そこで皆さんは、「エネルギーとは外部に変化をもたらすことができる潜在的な能力」とでも覚えておいてください。

■ エネルギーと電気

エネルギーの具体例を挙げましょう。光、電波、熱、音、力、･･･、これらはすべてエネルギーが姿を変えたものです。そして、電気もエネルギーが姿を変えたものです。電気はエネルギーの一形態なのです。

もし、エネルギーがこの宇宙に均一に分布していれば、この世には一切何も起こりませんが、宇宙はエネルギーが多い所と少ない所がまだらになっているので、常に何かが起こるのです。

宇宙に散在する物質と、それらに潜在して動き回るエネルギー。それはまさに、天才アインシュタインが解きほぐした真理の方程式なのかもしれません。

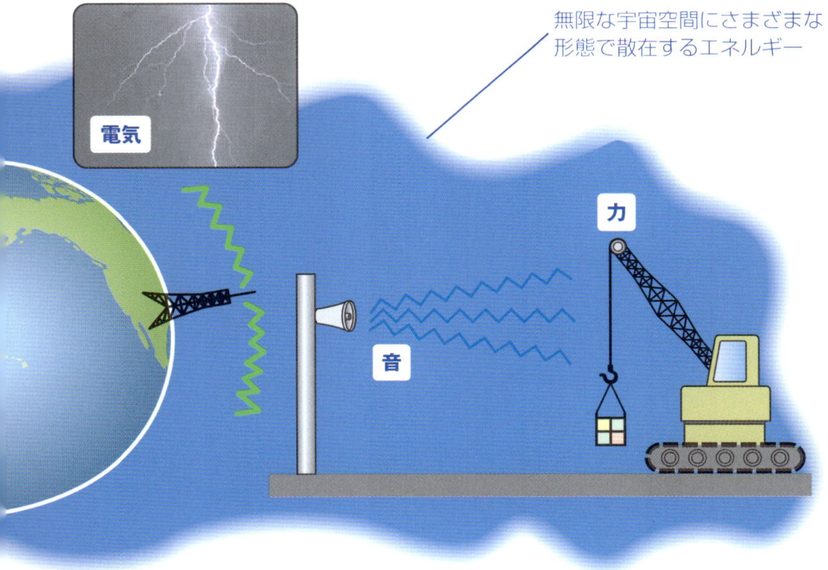

電気の働き

電気はエネルギーを利用するための手段！

■ 電気機器に見る電気の働き

電気モーターの動作原理は、実際に回転している様子を見たり分解したりすれば、ある程度理解できるかもしれませんが、電気モーターを回転させている電気の働きについては、見ることも聞くこともまったくできません。

しかし、簡単にいいきってしまえば、電気を利用する時に行われていることは、エネルギーの変換と消費なのです。エネルギーを電気に変え、電

【発電】
電気を産み出すこと。他のエネルギーを電気エネルギーに変換すること

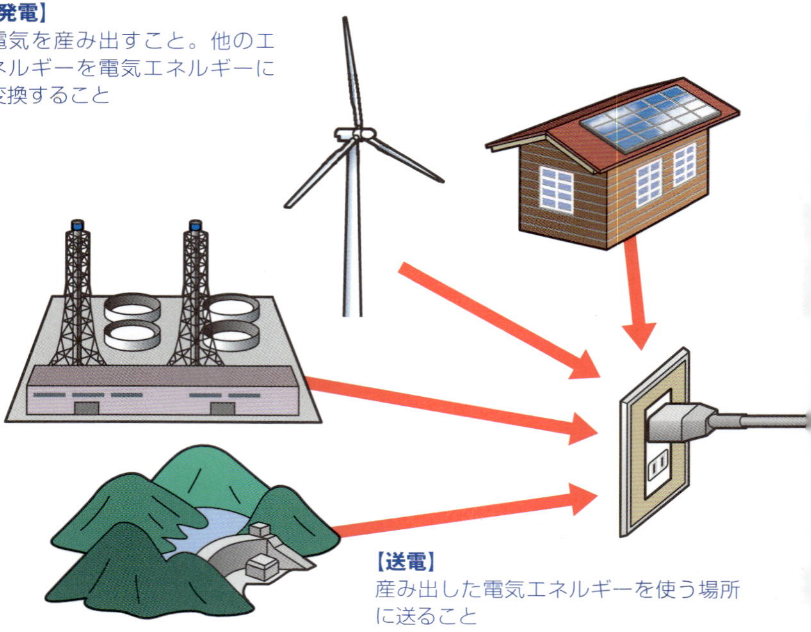

【送電】
産み出した電気エネルギーを使う場所に送ること

気を別の場所に送り、電気をエネルギーに変え･･･、この時に電気が行っている働きは、遠くのエネルギーを近くで利用するための仕掛けともいえます。

「扇風機を回して身体を冷やす」「車のエンジンを電気モーターで始動する」･･･。このような時に電気を利用しているわけですが、実は、電気を媒介としてエネルギーを利用しているともいえるのです。

【電気モーター】
磁力の働きを利用して電気エネルギーを軸の回転という機械エネルギーに変換する機器

【扇風機】
電気エネルギーと電気モーターを利用して羽根を回し、空気の流れという風をつくる。例えば、風の力で回った風力発電の風車が電気をつくり、電気で扇風機を回して風をつくる。電気はエネルギーの運搬の媒介者なのである

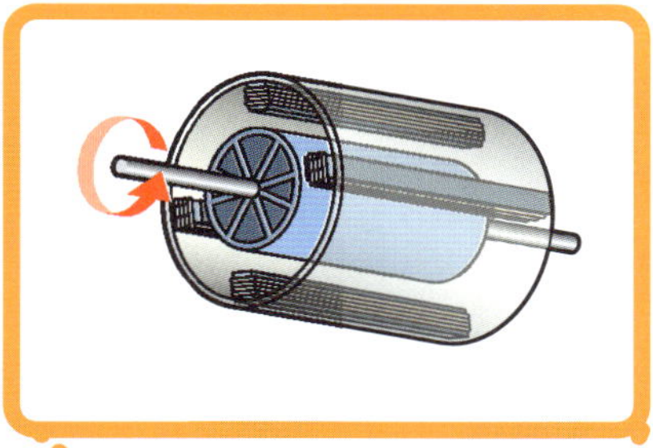

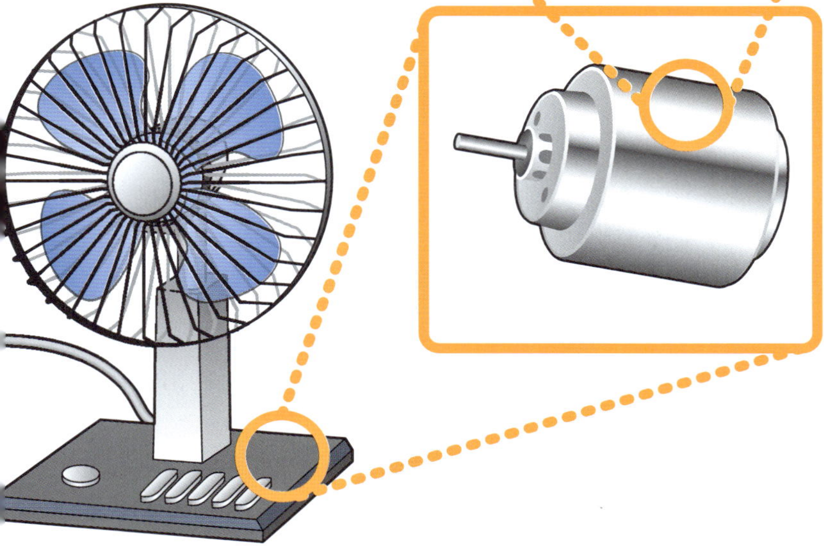

体験できる電気

身近に体験できる電気はいっぱいある！

■ 静電気、雷、オーロラ

皆さんは、プラスチックの下敷きで髪の毛をこすって逆立てたことがありますね。筒状のゴム風船を空中で自在に舞わせているのをテレビ放送で見たこともあるでしょう。冬の晴れた日、車のキーを差し込む時や金属製のドアノブに触れた時など、ビリッとくる痛感には誰でも驚きます。また、梅雨末期などに多い激しい落雷･稲光･稲妻は、誰もが知っている自然現象です。

これらの現象は、静電気とよばれる電気が引き起こすいたずらです。静電気を間接的に見聞きしているといえ、まさに、電気がこの世に存在している証拠なのです。

【静電気】

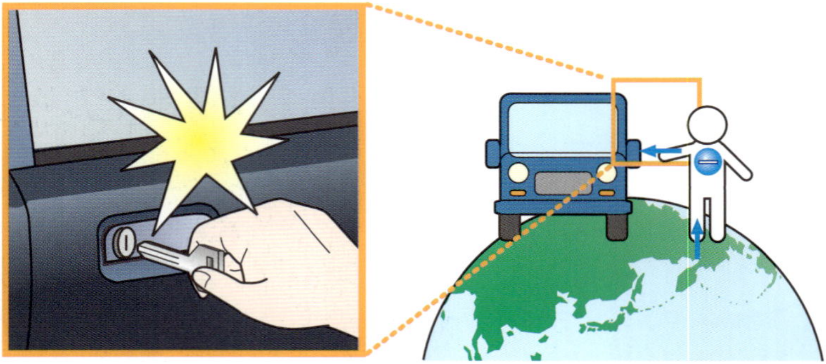

身近に体験する静電気でも、電圧が数万ボルトに及ぶことがあるが、それでもほとんど感電事故が起こらないのは、電流が少ないことと、電流が流れている時間が一瞬(1 億分の 1 秒程度)であるため

人は衣服の摩擦で－に帯電しやすい。車のキーを接触させた瞬間、人体と車の金属の間に電圧が発生し、地面(地球)との間で電気の通り道ができる(これをアース(接地)という)。この時、電圧が高ければ体内を電流が流れていく

この他、デンキウナギやデンキナマズに代表される生物から発する電気、方位磁針(コンパス)の針を動かす地磁気、極地の上空で観測されるオーロラ(極光)なども、正体不明の電気を間接的に見ている身近な事象といえるでしょう。

多くの科学者は、古来から、これらの自然現象である電気や磁気の謎の解明に取り組んできました。今日までの電気科学·電気技術の発展は、それらの地道な解明の研究成果なのです。

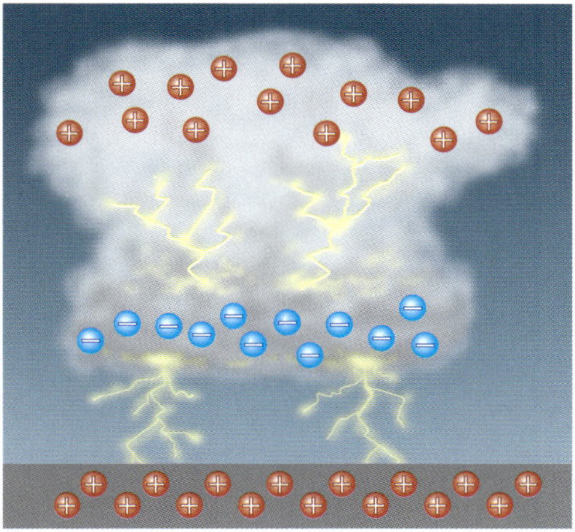

【雷】
上空の積乱雲の中で氷や雨粒などが上昇気流や重力によって乱高下し、激しく摩擦しあうことで、巨大な静電気のかたまりが+と−に分かれて発生し続け放電(スパーク)する
この分極の電気エネルギーが限界に達すると、分厚い大気をはさんだ地表との間でも放電して落雷となる
稲光や稲妻は、落雷時の電気エネルギーが光や音のエネルギーに変換された結果である

【オーロラ】
太陽表面からは陽子(+)と電子(−)の気体(プラズマ)が太陽風となって周囲に放出されている
地球付近に届いたプラズマが莫大なエネルギーをもつ新たなプラズマを発生させ、地球の地磁気に沿って流れ込み、地球の大気と衝突する。この時、電気エネルギーのやりとりで余ったエネルギーが光として放出され発光する
オーロラの発光の原理は蛍光灯やネオン灯と同じである。色の違いは衝突する大気の成分(窒素、酸素、ヘリウム、アルゴンなど)による

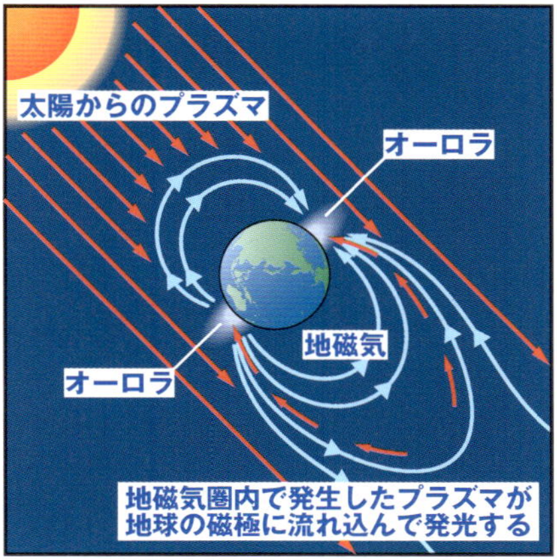
太陽からのプラズマ
オーロラ
地磁気
オーロラ
地磁気圏内で発生したプラズマが
地球の磁極に流れ込んで発光する

電気の正体

－の電子の移動が電気の正体！

■ 電子が動いて電流となる

さて、ここで電気の正体を明かしてしまいましょう。電気の正体は電流です。もう少し正確にいうと、電気の正体は、－の電気(電荷)を持つ電子の移動です。移動する電子は「自由電子」とよばれ、例えてみれば、我が家である原子を飛び出した放浪息子ともいえます。そして誤解しやすいのですが、＋の電気とは－の電気が不足した状態なのです。電子が余った物質(状態)と電子が不足した物質(状態)が、例えば導線(電気を流しやすい金属製の細い線)などで連絡されると、電気的なアンバランスを解消しようとして－の電子が移動します。これがまさに電流、すなわち電気なのです。

【電気の正体】

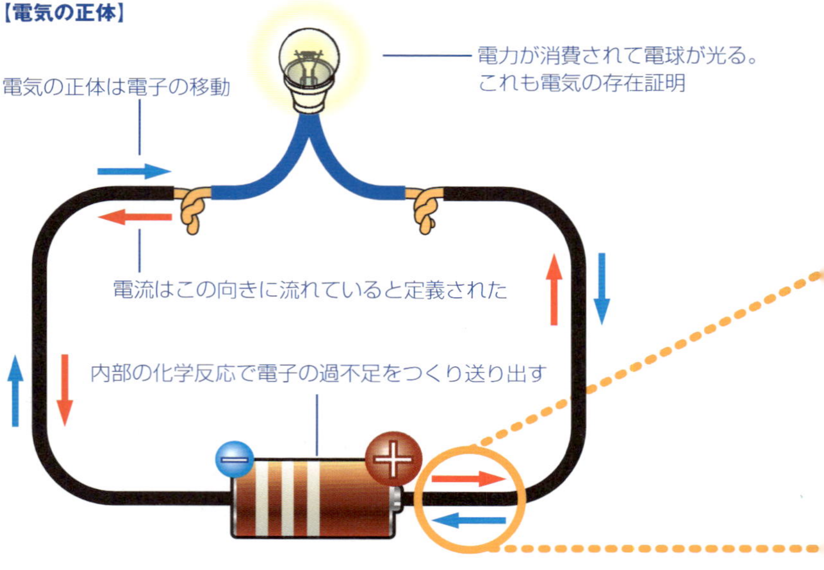
電力が消費されて電球が光る。
これも電気の存在証明
電気の正体は電子の移動
電流はこの向きに流れていると定義された
内部の化学反応で電子の過不足をつくり送り出す

それでは、身近な電池と電球の回路で電気の正体を確認してみましょう。電池内部では含有物質の化学反応により、凹側に－の電子が集まり、凸側には電子が不足して電気的に＋となった物質が集まるようにできています。この＋の凸側と－の凹側を導線でつないで電気の通り道をつくると、凹側から－の電子が流れ出し、導線を通り、凸側に入り込み、電気的な平衡をとります。これが電池による発電(起電、電圧)の正体です。電池内で含有物質の化学反応が続く限り、－の電子は出し続けられ、その能力が尽きると電流が流れなくなり、電池が切れます。再充電できる充電池は、外部から電圧をかけることで逆の化学反応を起こし、元の状態に戻すことができるようになっているのです。

ところで、学校で「電気は＋から－に流れる」と習いましたね。そのとおり、それが電気の定義であり常識です。そのまま正確に覚えておいてください。しかし･･･、上で説明したように、電気の正体である電子は－であり、実際には電流は－から＋に流れています(この経緯については63および110ページを参照)。定義と実際が逆なのですが、実用的には問題ないので、そのまま使われています。

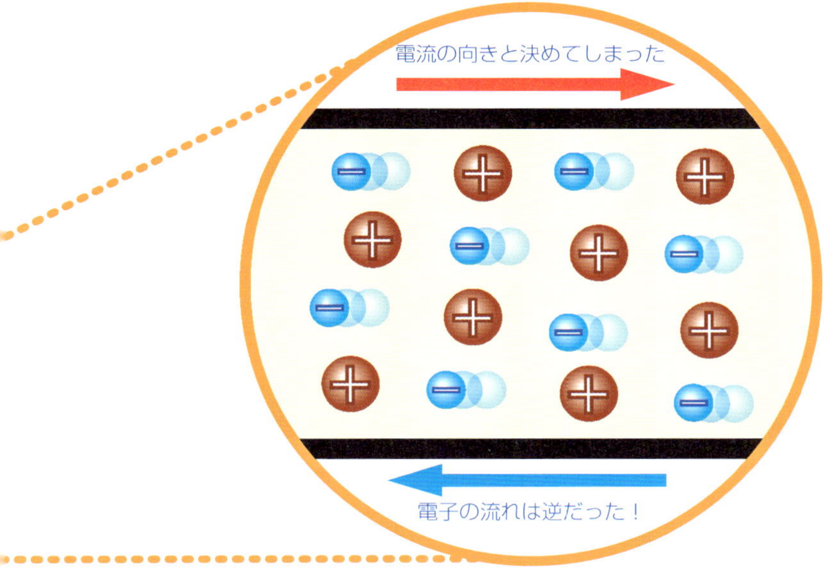

自由電子

自由電子とは何者？

■ 原子と自由電子、イオン

電気(電流)の正体が自由電子の移動であることを知ったうえで、この自由電子とは何なのかについて簡単にお話ししましょう。

私たちの身の回りにあるあらゆる物質は、どこまでも細かく分解すると、直径が約１億分の１[m]([Å]：オングストロームという)というごく小さな原子が集まってできていることがわかります(現在はさらに細かく分ける探求が続いています)。原子の種類は100以上発見されていて(一部は人工的につくられている)、それらを区別する時は元素(水素、ヘリウム、酸素、カルシウム、硫黄、銀、モリブデン、ウラン･･･など)とよびます。

原子は、まるで太陽系のように、中心に位置する原子核と、その周囲を

【物質と原子】

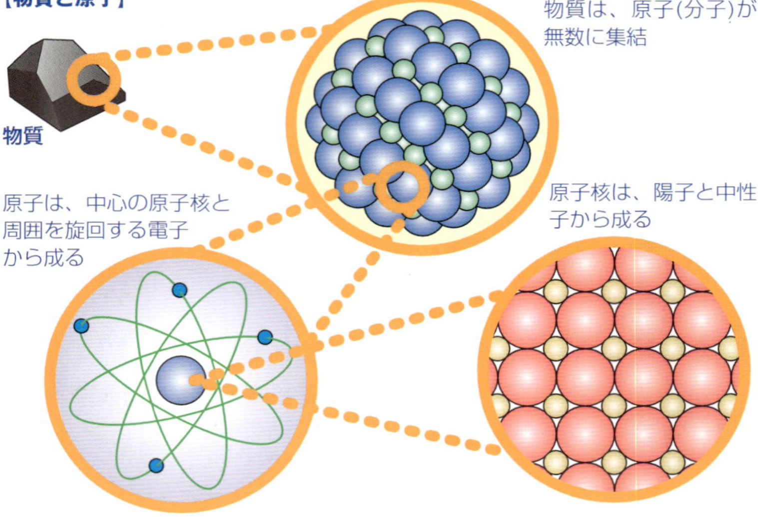
物質は、原子(分子)が
無数に集結
物質
原子は、中心の原子核と
周囲を旋回する電子
から成る
原子核は、陽子と中性
子から成る

回る(存在する)－の電気(電荷)をもつ電子から成っています。さらに原子核は、＋の電気(電荷)をもつ陽子と、電気(電荷)のない中性子から成っています。陽子·中性子·電子の数は元素ごとに決まっていて、陽子と電子の数は同数です(放射性元素などの例外はあります)。原子の種類、すなわち元素とは、この陽子·中性子·電子の数の違いだけなのです。

原子の陽子と電子の数は同数なので、原子全体としては電気的に中性を示します。ただ前述したように、電子の一部は原子核の束縛から離れて放浪に出ることがあります。これが自由電子です。金属原子の電子は自由電子になりやすく、金属が電流をよく流すのはそのためです。

なお、電子が離れた原子は、－の電子が減ることで全体として＋の電気(電荷)を帯びることになり正イオン(正電荷)となります。逆に、時として外部の電子を吸い付ける原子もあり、全体として－の電気(電荷)を帯びることになり負イオン(負電荷)となります。静電気の研究などから2種類の電気があると考えられた時期もありましたが、それはこの正負のイオンなのです。また、すべての物質が単一の原子が集まってできているということはなく、複数の原子(元素)が集合した分子が集まってできているものも数多くあります。例えば、水は水素原子2つで成る水素分子と酸素原子1つが合体した物質です。原子や分子が合体してできている物質はイオン化しやすく、自由電子の動きに重大な影響を及ぼすことが多くなります。

【原子の構成と自由電子(説明上、電子の軌道を同一平面で表現してある)】

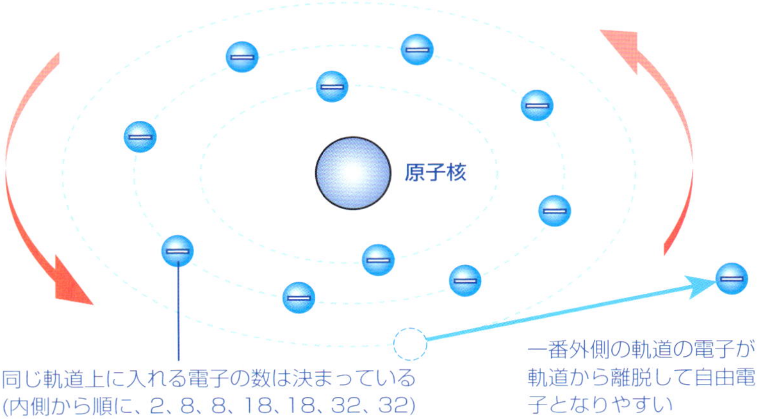
原子核
同じ軌道上に入れる電子の数は決まっている
(内側から順に、2、8、8、18、18、32、32)
一番外側の軌道の電子が
軌道から離脱して自由電子となりやすい

導体、絶縁体、誘電体、半導体

電流が流れやすい物質と流れにくい物質！

■ 導体と絶縁体(不導体)

ここからは、電気の用語をもう少し詳しくみていきましょう。

電流が流れやすい物質を導体、流れにくい物質を絶縁体(不導体)とよびます。例えば、金属は導体、ゴムやプラスチックやガラスは電気が流れにくい絶縁体であることは、経験からもわかると思います。この、電流が流れやすいとか流れにくいという違いは何なのでしょうか。それは、物質を構成している原子の状態にあります。

物質に電流が流れるということは、物質内で自由電子が同じ方向に移動するということです。つまり導体とは、その物質内に自由電子になりやすい電子がたくさんある物質なのです。

金属の電子は、その構造上、電子が原子核の束縛から離れて自由電子となりやすいため、電流が流れやすいのです。また、水などのようにイオン化して電荷をもった物質(分子)が多く含まれる場合も電子が自由電子とな

【導体】 【絶縁体】

銅
アルミニウム
ニッケル
ガラス
ポリ製品

りやすいため、電流が流れやすい性質があります。

一方、絶縁体は、自由電子やイオン化して電荷をもった物質(分子)が少なく、電子が動くことがほとんどできない物質なのです。

■ 誘電体と半導体

導体のように物質内で自由電子が動くことはできませんが、正負の電荷の位置が偏在することで、磁石のS極·N極のような＋－の電極性を生じる(誘電分極という)物質があります。これを誘電体とよびます。電流を流さない物質でも、その特性を利用して電極に利用されることがあります。

また、導体と絶縁体の中間の性質をもつ半導体という物質もあります(半導体については156、166ページ参照)。

では、空気はどうでしょう?　電池を放っておいても空中に電流は流れ出しませんが、雷は上空から落ちてきます。本来、電流を流さない空気ですが、空気の成分は酸素や窒素やアルゴンなどの原子や分子から成っていて、水分やチリも含んでいます。電池程度の小さい電圧では電流は流れ出しませんが、100万ボルトを超えるともいわれる雷の電圧をもってすれば電流を流すこともできるのです。ですから、導体ならば必ず電流が流れるということでもなく、絶縁体だから絶対に電流が流れないということでもないということは知っておいてください。

【誘電体での誘電分極のイメージ】

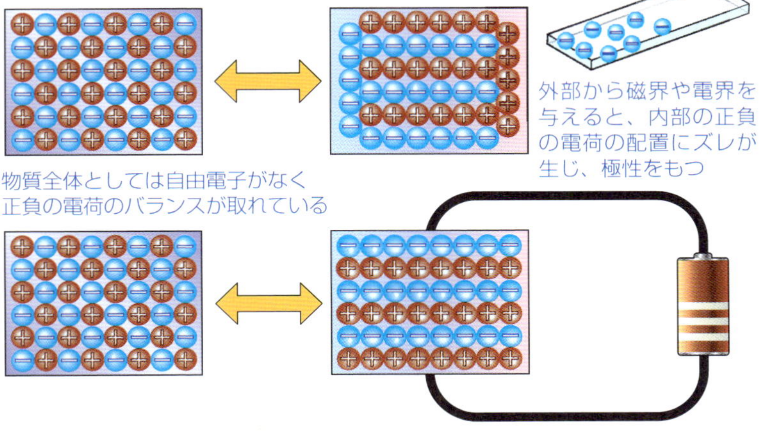
外部から磁界や電界を与えると、内部の正負の電荷の配置にズレが生じ、極性をもつ
物質全体としては自由電子がなく正負の電荷のバランスが取れている

電気の不思議 1－8

電圧

電流を流れやすくするのが電圧！

■ 電圧の働き

さて、第1章の核心部分に入りましょう。まず電圧です。

「電圧」(ボルト*：単位記号[V])は、電流の流しやすさ流しにくさを表す用語です。電圧が高ければ電流を流す力が強くなります。

では、電流を流す力すなわち電圧とは何なのでしょうか？　説明が難しい量なので、電圧や電流は、しばしば水圧や水流に例えられます。

水道の蛇口を開けると水が出始め、大きく開けるほど水がたくさん出ます。水道の蛇口には水源から水圧がかけられているからです。また、ダムの水門を開けると水が流れ落ち始め、大きく開けるほど水がたくさん流れ落ちます。ダムの水には重力が働いているからです。水道の蛇口や水門の開き加減、水道の蛇口にかかる水圧やダムの落差が、水の出る出ないや水の量を決めています。電圧も同じです。電流が流れる流れないや電流の量を制御する働きがあるのです。

【電圧のイメージを水圧に例えると・・・】

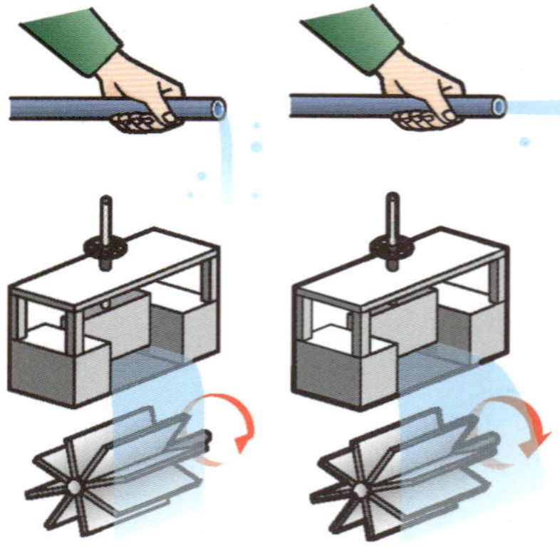

蛇口を開けると水が出る。大きく開けるほど たくさん出る。水源の水圧を上げれば、水量が増え、水流も強くなり、水は遠くまで飛ぶ

ダムの水門を開けると水が流れ落ちる。大きく開けるほどたくさん流れ落ちる。ダムの落差を大きくすれば、落水による水車の回転の勢いも増す

■ 電池と電球の回路に見る電圧の働き

再び、小学校の電球の実験で確認しましょう。

電池に電球をつないで放っておくと電球はだんだん暗くなっていきますね。最初に比べて電球が暗くなるのは、電圧が下がったからです。さらに電球を付けっぱなしにしておくと、電球はまったく光らなくなります。電池が自由電子を送り出す力、すなわち電圧がなくなったからです。

＊「ボルト」は、電池の原形を最初につくったボルタの名前から付けられた。68ページ参照。

【電圧から見た電流・電球との関係】

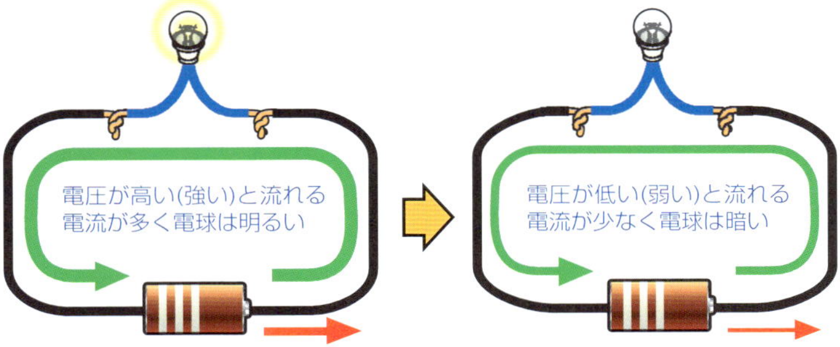

【電圧(電池)の並列・直列】

電池２個の並列つなぎと直列つなぎを、１個の場合と比較すると･･･

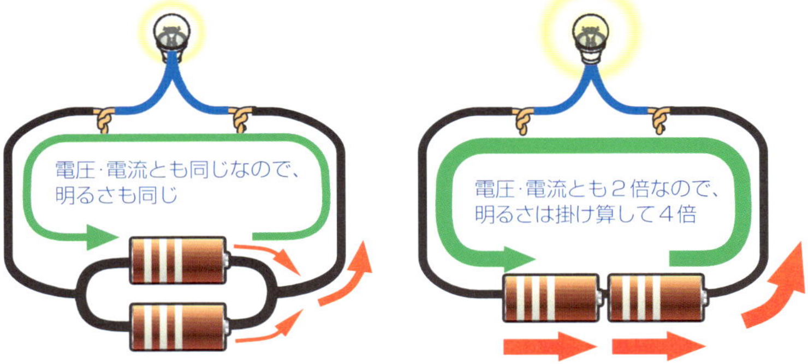

電池１個との比	１個	２個並列つなぎ	２個直列つなぎ
回路全体の電圧	1	1	2
回路全体の電流	1	1	2
電球の明るさ	1	1	4
各電池の寿命	1	2(電流が同じで電池が２倍なので負担1/2)	1/2(電流が２倍なので)

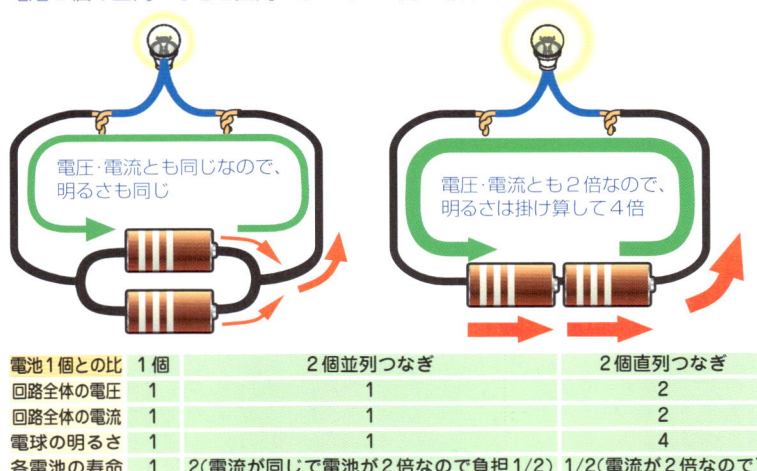

電位と電位差

電圧と電位差は同じ意味？

■ 電圧、電位、電位差

電圧に似た用語として「電位差」があります。電池の＋極と−極の間に電圧計を並列につなぐと、電池の電圧(起電力ともいう)を測ることになりますが、この場合の電圧は＋と−の電位の差すなわち電位差を測っているのです。この「位」に、電圧の意味が込められていると感じてください。

地面の離れた２点を電圧計でつなぐと、もしかしたら、一瞬、針が少し振れるかもしれません。もしくは、今はデジタル計が多いので、0.0001などという微小な数字が表示されるかもしれません。それは、地面の２点間で電位に差、すなわち電圧があるからです。これは地電流とよばれてい

【大地の２点間の電位差を測る架空実験】

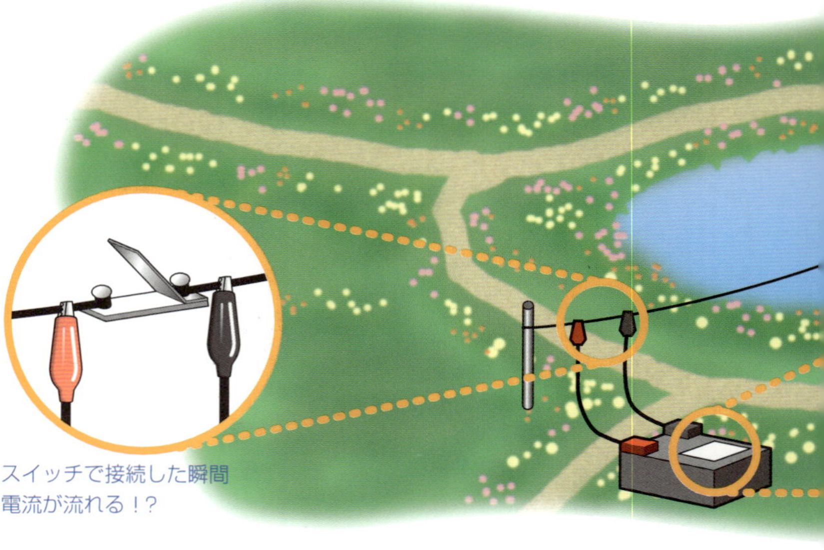

スイッチで接続した瞬間
電流が流れる！?

て、実際に、地質や地下内部の構造探査などに活用されています。電位とは電気的な位置エネルギーであり、位置エネルギーの差が電圧を生じ、そこに通り道があれば、磁石のSとNがくっつくように、－の電子が移動を始めて電流となるのです。

■ 1[V]とは

ところで、1[V]とはどのくらいなのでしょう？　正確な定義にはまだ紹介していない用語を使わなくてはならないので大雑把に説明しますが、結論としては、「1[C](クーロン。電子約6.24×10^{18}個分の電荷。電子1個の電荷を電気素量という)の電荷を運ぶのに要する仕事が1[J](ジュール。熱･仕事･エネルギーなどを表す単位)になる時の電位差」となります。

以下は余談ですが、電気機器の構成には電圧の正確な基準が必要でしたので、エジソンの時代に活躍した技術者のウェストンが発明した安定して一定の電圧が出せるウェストン標準電池の電圧が、長い間、電圧標準器として使われていました。なお、1990年からはジョセフソン素子(半導体の一種)というもっと高い精度の電圧標準器が使われています。

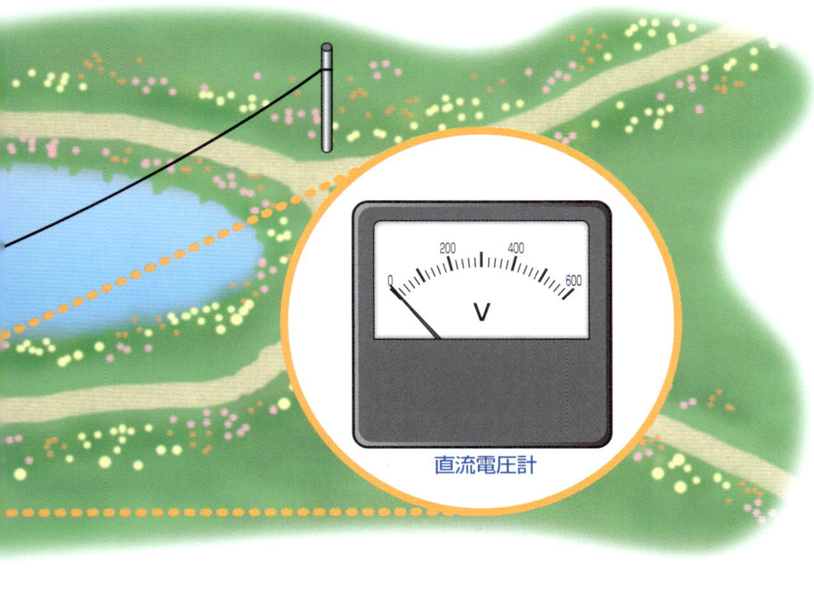

直流電圧計

電流

電流は電子の流れそのもの！

■ 電流の働き

今度は、自由電子が移動する現象を表す「電流」(アンペア＊：単位記号[A])について説明しましょう。

電池につないだ電球は、最初は明るく光っていますが、だんだん暗くなっていきます。なぜ暗くなるのでしょうか？　電圧の項で、「電圧が下がったから」と説明しました。でも、もう１つ別のことも起きています。電流を流す必要条件である電圧が下がったことに伴い、電流も少なくなったのです。

ここまででいくつかのことがわかります。電圧と電流には関係があること、電流が少なくなると電球は暗くなること。

＊「アンペア」は、電磁気の右ねじの法則を発見したアンペールの名前から付けられた。82ページ参照。

【電流から見た電圧・電球との関係】

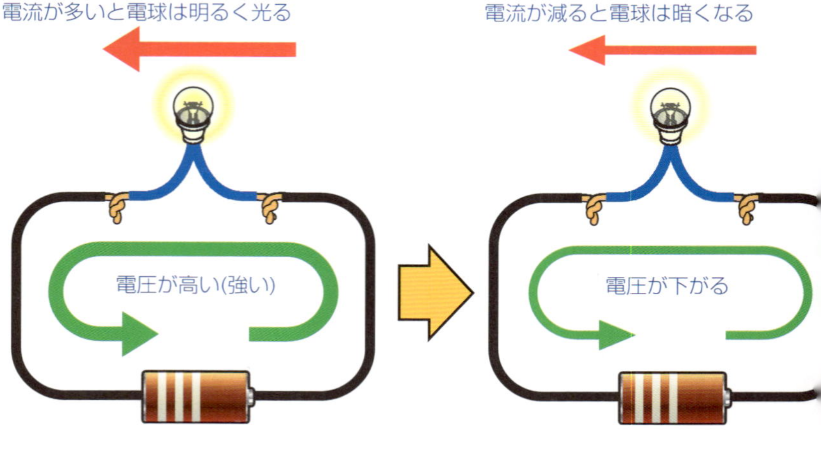

他にもありますが、ここでは、電圧が上がると電流が増え、電圧が下がると電流が減るということを覚えておいてください。

■ 1[A]とは

電圧の定義のことは前述しました。では、1[A]がどのくらいの電流なのか気になりますよね？

電流は電子の動きなので、1秒間に1[C]が通過した値が1[A]となります。現在の正確な定義では「真空中に1[m]の間隔で平行に置いた無限に小さい円形断面の無限に長い2本の直線状導体のそれぞれを流れ、これらの導体の1[m]につき1000万分の2[N](ニュートン)の力を及ぼし合う直流の電流」とされています。

なんだかピンときませんね。
1[Ω]の抵抗に1[V]の電圧の電源をつないだ時に流れる電流といった方がわかりやすいでしょうか？

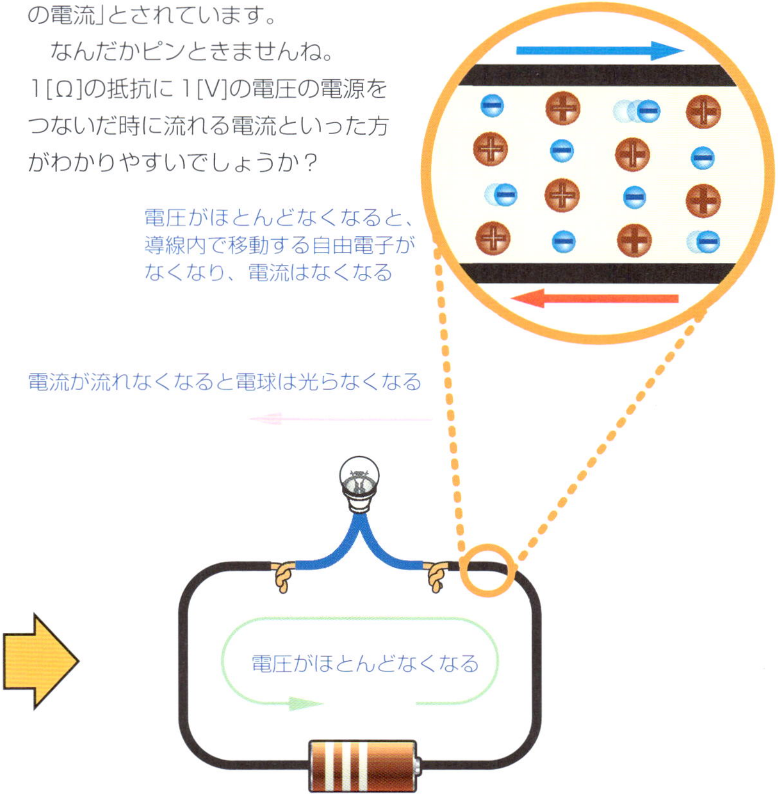
電圧がほとんどなくなると、
導線内で移動する自由電子が
なくなり、電流はなくなる
電流が流れなくなると電球は光らなくなる
電圧がほとんどなくなる

電気の不思議 1－11

電力と電気エネルギー

電力は電気エネルギーそのもの！

■ 電圧、電流、電力

今度は電球に注目してみましょう。

電球にはいろいろな種類があります。新品のまったく同じ条件の電池を2つ用意して、それぞれ別の電球をつなぎます。この時、明るく光る電球と暗くしか光らない電球があったとします。どちらが長い時間、光ってい

【電力から見た電圧・電流・電球との関係】

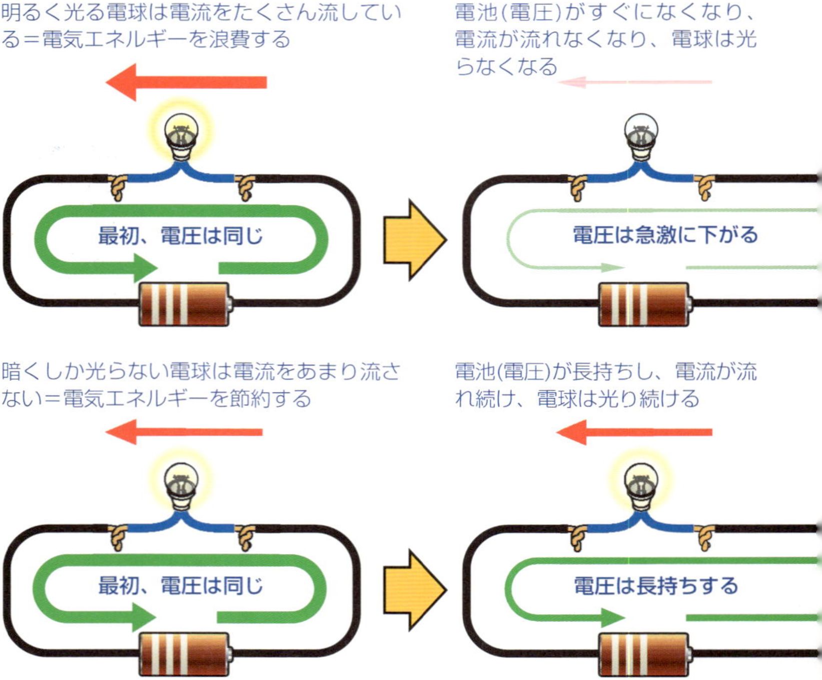

るかを考えてみましょう。

2つの電池が産み出すことのできるエネルギーが同じだと仮定すれば、明るく光る電球をつないだ方が先に電池が切れます(電圧がなくなります)。なぜなら、明るい分だけ電池のエネルギーをどんどん使っているからです。この時、明るく光る電球の方には、暗くしか光らない電球の方よりも、たくさん電流が流れます。この電球が消費したエネルギーのことを「電力」(ワット*：単位記号[W])といいます。電力は、この場合、「電圧×電流」と同じ値になります。改めて数式でまとめると、

電力[W] = 電圧[V] × 電流[A]

となります。実に簡単な公式です。

電圧を上げて電流をたくさん流すと、電力もたくさん利用できますが、反面、電力をたくさん使ってしまうといういい方もできます。

電圧と電流の大きさで電力が決定するので、電力すなわち電気エネルギーを上げるには、電圧と電流の両方を上げると効果的です。

*「ワット」は、蒸気機関の技術者ワットの名前から付けられた。

【短寿命でも大きい電力が求められる電気機器の例】

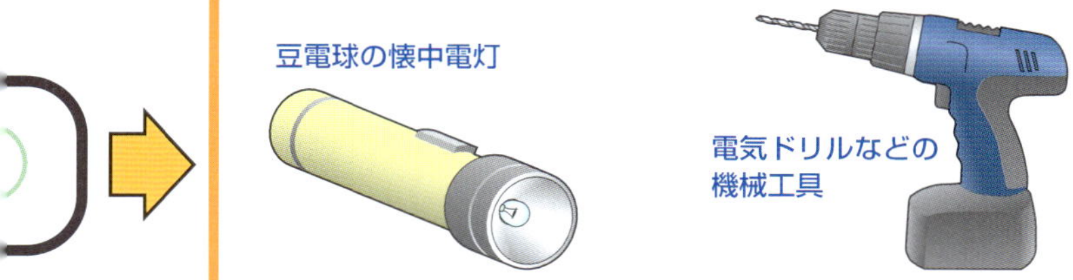
豆電球の懐中電灯
電気ドリルなどの
機械工具

【小さい電力でも長寿命が求められる電気機器の例】

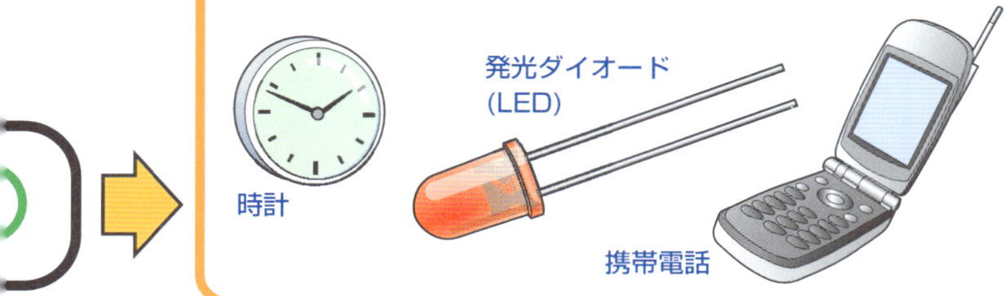
発光ダイオード
(LED)
時計
携帯電話

電気の不思議 1−12

電力量と消費電力

電力量は電気機器の消費電力のこと！

■電力と電力量

電池に電球をつなげていると、電流が流れて、電圧が下がって、電力を消費し、電池がなくなる、というところまで説明しました。ではこの時、電球はどのぐらい電力を消費したのかという「消費電力」を考えましょう。日常生活では電気料金にかかわる関心事でもあります。

前ページで電池につないだ電球が光らなくなる例をみました。この場合、電池１本分の電力を消費したのですが、電池１本分とか２本分とかでは、違う電池を使った時や、電池以外の電源を使った時にわかりにくいので、

← 電力をたくさん使う　　おもな家庭電気

【1000[W]以上】　　【100～1000[W]】

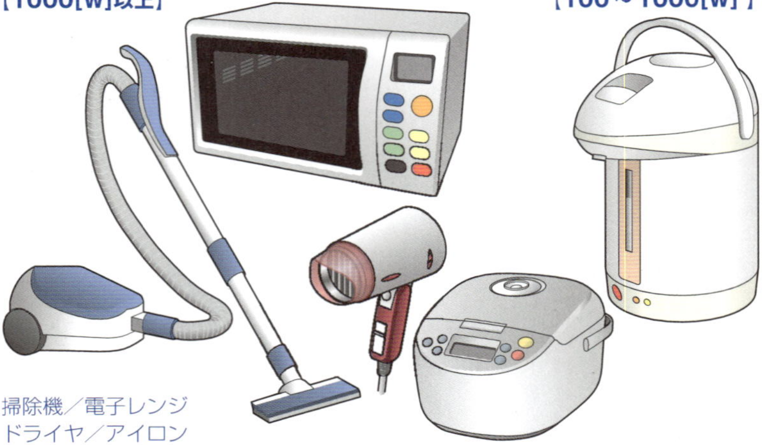

【1000[W]以上】
掃除機／電子レンジ
ドライヤ／アイロン
IHヒーター／衣類乾燥機
オーブントースタ
ホットプレート

【100～1000[W]】
ストーブ／こたつ／洗濯機／冷蔵庫／ポット／炊飯器
液晶テレビ／レーザープリンタ／ホットカーペット
コーヒーメーカー／加湿器／エアコン／ミキサー

電力の量は消費した時間で表します。それが、「電力量」(ワットアワー：単位記号[Wh])です。[Wh]の「h」は１時間を意味する英語hourの頭文字で、電力を１時間消費した時の量という意味です。例えば、10[W]の電力を１時間消費したとすれば10[Wh]、5[W]の電力を２時間消費しても10[Wh]です。こうなると、数式の方がわかりやすいという人も多いかもしれませんね。そこで数式でまとめると、

電力量[Wh]＝電力[W]×時間[h]

となります。さらに、電力の数式を盛り込むと、

電力量[Wh]＝電圧[V]×電流[A]×時間[h]

とも表せます。

さて、電球を光らせ続けていると、電圧が下がり消費する電力も下がるので、上の式では電力量を説明できていないのでは･･･？　それは、説明例では電圧が下がる電池を使っているからです。一般住宅に配電されている電気コンセントの電圧はだいたい一定です(同時に多くの電気製品を使うと電圧が下がったりブレーカが切れたりしますが、それは別問題です)。

機器の消費電力の例　　電力をあまり使わない →

【10～100[W]】

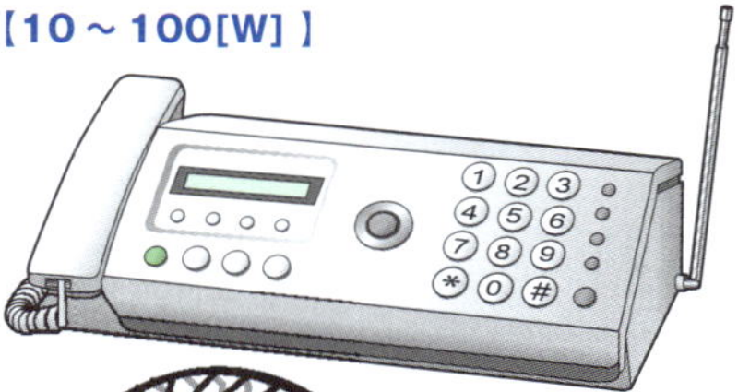

ミシン／電気毛布
空気清浄機／扇風機
照明･電気スタンド
FAX電話／パソコン
DVDレコーダ

【10[W]以下】

携帯ラジオ／携帯電話
電卓／デジタルカメラ
コンタクトレンズ洗浄機／蚊取機

電気の不思議 1－13

抵抗

電流に抵抗して電気を利用し、電流の制御もする！

■ 抵抗の働き

今度は抵抗(正確には電気抵抗という)です。

電池の周りは空気で囲まれているのが普通です。電池を置いておくだけでは外部に電流が流れ出さないというのは、電池が産み出す電圧では、周囲の空気に電流を流すほどのエネルギーがないからです。では、明るく光る電球と暗くしか光らない2つの電球をもう一度考えましょう。実は、明るく光る電球の方に電流がたくさん流れたのではなく、明るく光る電球の

【抵抗から見た電圧・電流との関係】

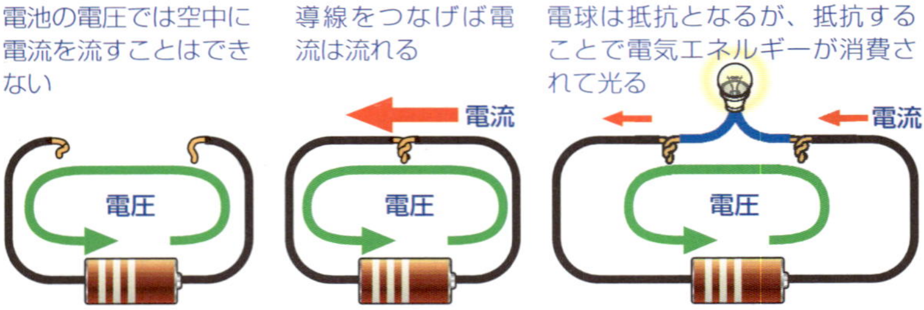

電池の電圧では空中に電流を流すことはできない
導線をつなげば電流は流れる
電球は抵抗となるが、抵抗することで電気エネルギーが消費されて光る
電流
電流
電圧
電圧
電圧

電気回路の原理を考える時は導線の電気抵抗は無視するが、導線自体にもわずかに抵抗がある。しかし上の中央の図のように、電池の両極を導線で直結すれば大電流が一気に流れて危険。電池もすぐに切れる。抵抗は電気回路に流れる電流量の制御の役割を担う

水圧を一定に保てば、水門を閉じるほど水量が減る。これは電圧が一定の電気回路で抵抗を増やすと電流が減ることと似ている。水門が連続すると水量が減り(右ページ左図)、水路を増やして水門を並べると水量が増える(右ページ右図)

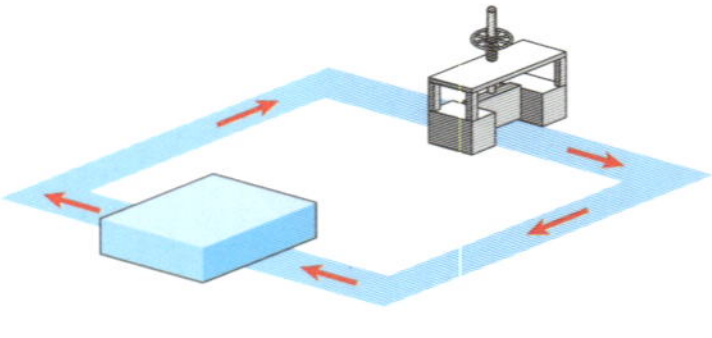

方が電流をたくさん流しやすかったのです。この、電流の流れやすさ流れにくさを表すのが「抵抗」(オーム＊：単位記号[Ω])です。抵抗が高い(大きい)と電流は流れにくく、抵抗が低い(小さい)と電流は流れやすくなります。下図の例では電球が電力を光と熱に変換して消費しています。

電圧や電流と同じように、「1[Ω]とは？」への回答は、「ある物体に1[V]の電圧をかけた時に1[A]の電流が流れたら、その物体の電気抵抗は1[Ω]である」となります。電圧と電流で抵抗が決まるのです。なお、抵抗と電流の関係については、40～41ページで詳しく解説します。

＊「オーム」は、オームの法則を発見したオームの名前から付けられた。40、74ページ参照。

【抵抗の直列・並列】

電球2個の並列つなぎと直列つなぎを、1個の場合と比較すると･･･

各電球の電圧・電流は同じなので、明るさは同じ
各電球の電圧・電流は1/2なので、明るさは掛け算して1/4

電球1個との比	1個	2個並列つなぎ	2個直列つなぎ
回路全体の抵抗	1	1/2(並列個数に逆比例)	2(直列個数に比例)
回路全体の電圧	1	1(電圧は同じ)	1
各電球の電圧	1	1(電圧は同じ)	1/2
回路全体の電流	1	2(抵抗が1/2なので)	1/2(抵抗が2なので)
各電球の電流	1	1(2個の電球に分流)	1/2(直列回路中の電流は一定)
各電球の明るさ	1	1	1/4
電池の寿命	1	1/2	2

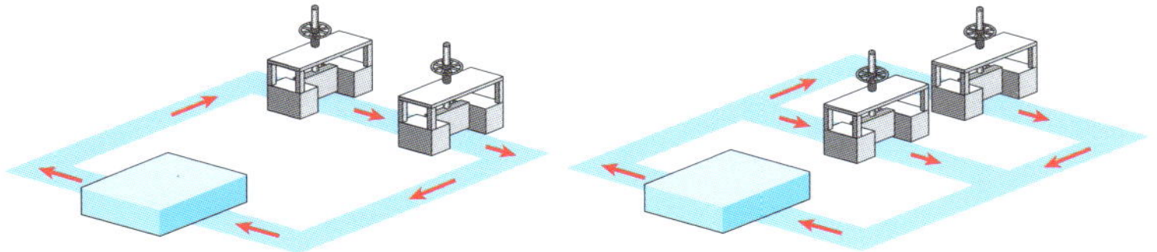

可変抵抗

ラジオのボリュームは可変抵抗！

■ 可変抵抗器(ボリューム)

抵抗という量について、経験的な事例があるのでちょっと脱線します。

電池で聴く携帯ラジオの電池を長持ちさせるにはどうしますか？　イヤホンで聴くなどして、なるべくボリューム(音量)を上げないようにすることですね。

ボリュームを上げるとスピーカから出る音が大きくなるのは、ボリュームを上げることでラジオの中にある電気回路(増幅回路)の抵抗値が小さく

【ラジオの基本的な仕組み】

増幅した音声信号の電磁力で振動させた薄膜で空気を振動させ、人間が聞こえる音にする

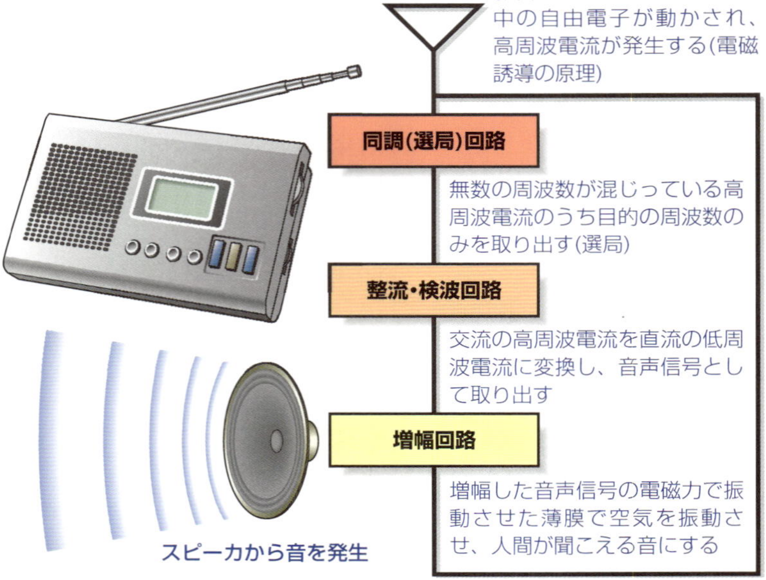
空中を伝搬している電波に影響され、アンテナの金属中の自由電子が動かされ、高周波電流が発生する(電磁誘導の原理)
同調(選局)回路
無数の周波数が混じっている高周波電流のうち目的の周波数のみを取り出す(選局)
整流・検波回路
交流の高周波電流を直流の低周波電流に変換し、音声信号として取り出す

なって電流がたくさん流れ、スピーカから出る音が大きくなるようにつくってあるからです。

ラジオのボリュームは、抵抗値を自由に変えられる可変抵抗器(一般にはボリュームという)です。ボリュームを最大に上げれば、電気回路の抵抗が最小になり、電池のエネルギーが目一杯取り出されるようになるため、アッという間に電圧がなくなります。

一昔前のラジオはツマミ式のボリュームでしたが、最近では、セレクトボタンなどによる電子式のボリュームが主流になってきています。

なお、照明用の電球にも増減光機能の付いた製品がありますが、電流(抵抗)を調節する原理は、ボリュームと同じです。

【ボリューム(可変抵抗器)の仕組み】

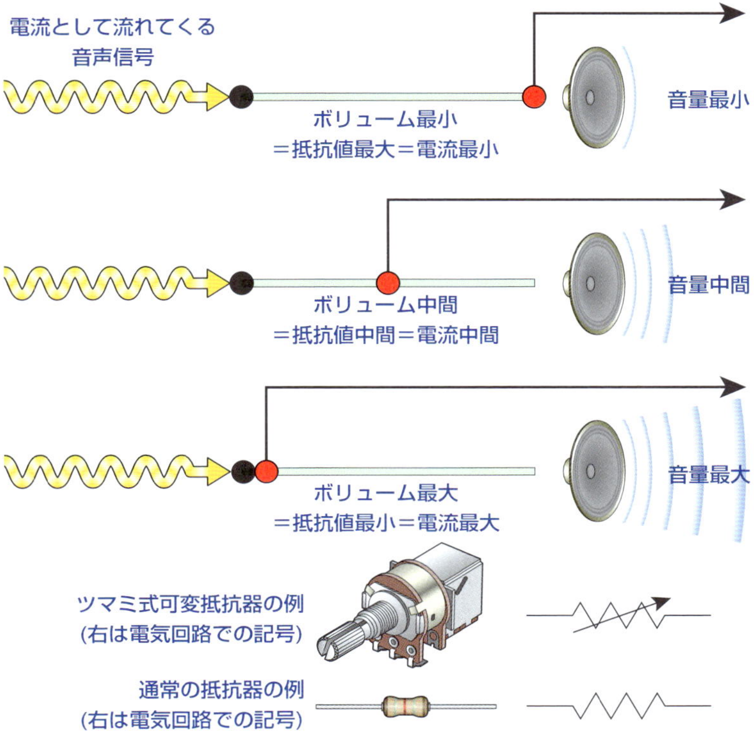
電流として流れてくる
音声信号
ボリューム最小
=抵抗値最大=電流最小
音量最小
ボリューム中間
=抵抗値中間=電流中間
音量中間
ボリューム最大
=抵抗値最小=電流最大
音量最大
ツマミ式可変抵抗器の例
(右は電気回路での記号)
通常の抵抗器の例
(右は電気回路での記号)

電気の不思議 1－15

オームの法則

オームの法則は電気の基本的な原理！

■ 電圧、電流、抵抗の比例・反比例関係

これまでお話ししてきた電圧と電流と抵抗の関係を整理すると、

電流の強さは、電圧の高さに比例し、抵抗の大きさに反比例する

となります。中学校理科で習う電気の基本公式、オームの法則です。式で表すと、次のようになります。

電流[A：アンペア]＝電圧[V：ボルト]÷抵抗[Ω：オーム]

→ 電圧が高いと電流は多くなり、抵抗が大きいと電流は少なくなる

別の表し方もできます。

抵抗[Ω]＝電圧[V]÷電流[A]

→ この場合は、「電圧と電流がわかれば抵抗がわかる」と解釈する

電圧[V]＝電流[A]×抵抗[Ω]

→ この場合は、「電流と抵抗がわかれば電圧がわかる」と解釈する

【電圧・電流・抵抗の関係】

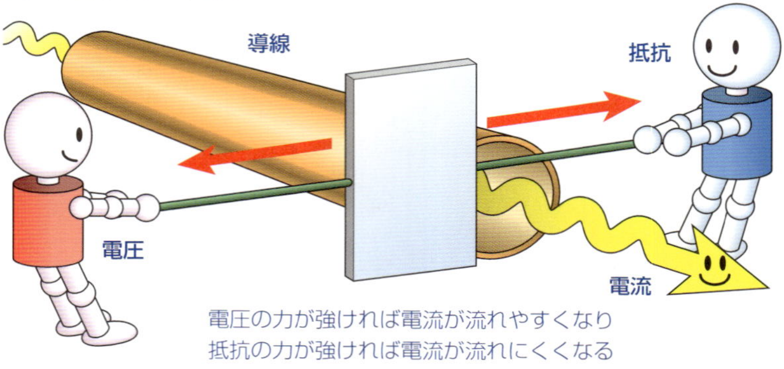
導線
抵抗
電圧
電流
電圧の力が強ければ電流が流れやすくなり
抵抗の力が強ければ電流が流れにくくなる

それでは、オームの法則をおさらいしましょう。

「電流＝電圧÷抵抗」の基本式に着目すると、抵抗が小さいほど式の右辺の分数は大きくなりますね。つまり、電流がどんどん大きくなるのです。もし、抵抗が限りなく0に近いとすると、分数は限りなく大きくなり、電流は限りなく大きくなります。

抵抗が限りなく0に近い導線を電池の＋と－で連絡させると、電池の電圧が続く限り、限りなく大きい電流が流れ続くことが、この式からわかりますね。

もちろん、実際には、電池にも電線にも抵抗があるので、電流が限りなく大きく流れることはありません。オームの法則は、厳密には、条件によって当てはまらない場合があるのです。

手持ちの数値で計算した値と実際に測定した値が違うのは、計器の誤差や電池や配線の内部抵抗などが影響して計算値とずれるのです。

【オームの法則のまとめ】

電圧を表す記号「E」はElectric(電気)の略(Voltage(電圧)の略「V」で表すことも多い)
単位の「V」(ボルト)は物理学者「ボルタ」の名前に由来

電流を表す記号「I」はIntensity of electricity(電気の強さ)の略
単位の「A」(アンペア)は物理学者「アンペール」の名前に由来

$$\text{電流 } I\,[\mathrm{A}] = \frac{\text{電圧 } E\,[\mathrm{V}]}{\text{抵抗 } R\,[\Omega]}$$

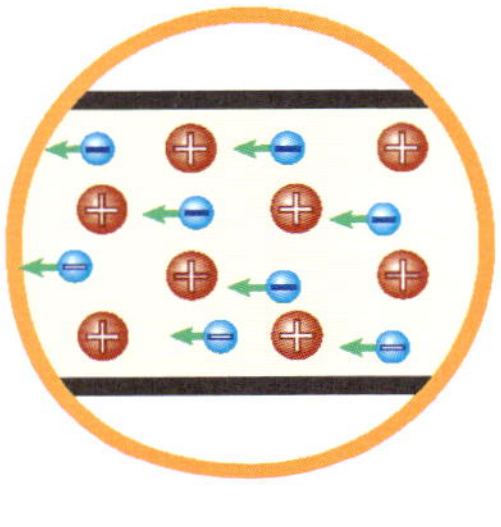

抵抗を表す記号Rはresistance(抵抗)の略
単位の「Ω」(オーム)は物理学者「オーム」の名前に由来

直流と交流

電池は直流、建物の電気コンセントは交流！

■ 直流と交流の違い

電池と電球の単純な電気回路を例にして、電気の基本的な用語について解説してきました。

ここまでは、おもに直流回路で説明をしてきましたので、ここからは交流について説明しましょう。

【直流電源】

電圧(電流)の向きが
常に同じ直流電源
電池

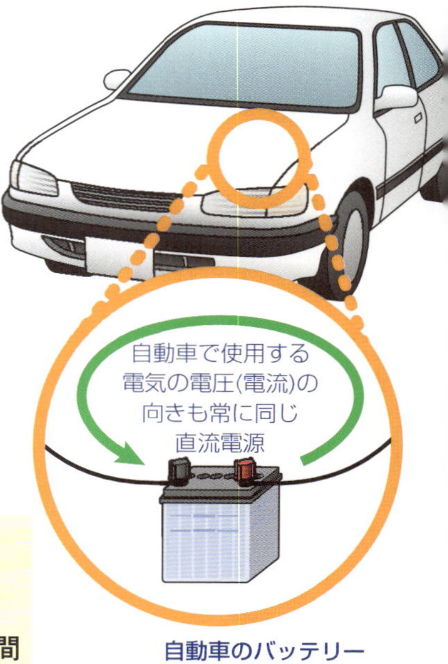
自動車で使用する
電気の電圧(電流)の
向きも常に同じ
直流電源
自動車のバッテリー

【直流電源の電圧の変化グラフ】

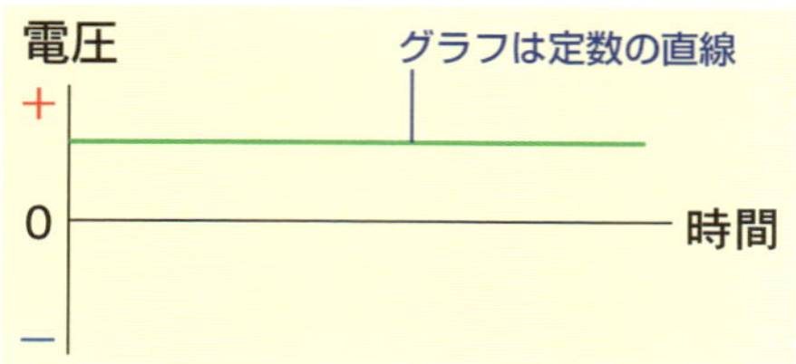
電圧
グラフは定数の直線
＋
0
時間
－

乾電池や自動車のバッテリーには、直流(DC : Direct Current)が使われています。直流の場合、+端子には+、−端子には−の電圧がかかっていて、電圧が逆になることはありません。常に同じ方向に電流を流すようになっています。

一方、交流(AC : Alternating Current)の場合は、+と−が一定の周期で逆転します。すなわち、電圧の向きが「1秒間に何回」という規則正しい周期で反転を繰り返すのです。一般住宅の電気コンセントは交流電源です。

なぜ交流電源という仕組みがあるのかなどは、発電や送電の項でも説明しますが、電圧の+と−が逆になっても、電力の求め方やオームの法則の考え方は、基本的にそのまま使えますのでご安心ください。

【交流電源】

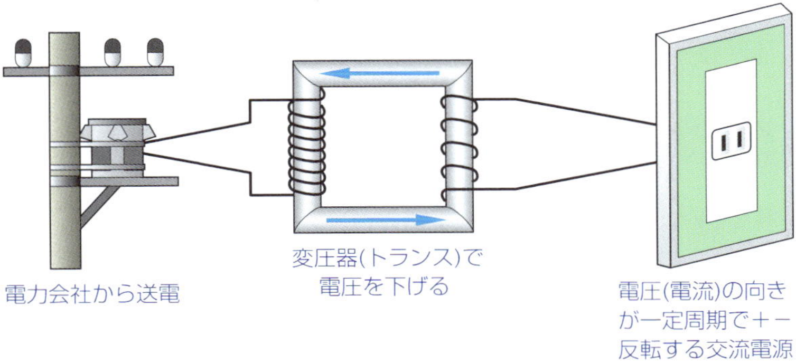
電力会社から送電
変圧器(トランス)で
電圧を下げる
電圧(電流)の向き
が一定周期で+−
反転する交流電源

【交流電源の電圧の変化グラフ】

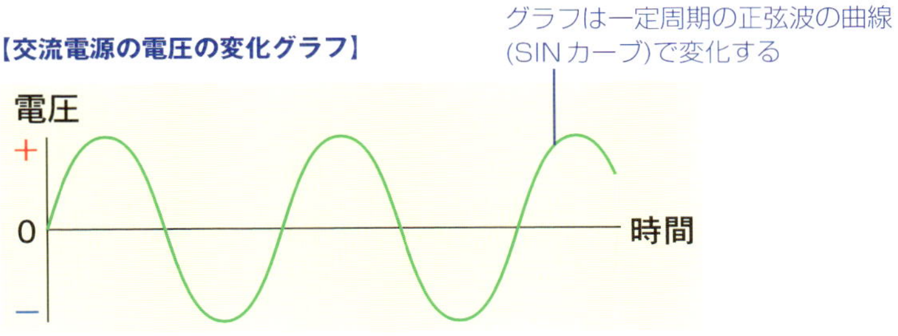
グラフは一定周期の正弦波の曲線
(SIN カーブ)で変化する
電圧
+
0
−
時間

交流の周波数と周期

周波数は交流の反復度合い！

■ 交流の周波数と周期とは

直流は電圧の向きが変化しない電流であること、対して交流は電圧の向きが変化する電流であることはお話ししました。それでは、交流は電圧の向きがどのぐらいの時間で変化しているのでしょうか？

それを表す単位で一般的に使われるのが「周波数」(ヘルツ＊：単位記号[Hz])です。周波数とは、交流の電圧の変化のパターンが1秒間に何回繰り返されるかを表します。例えば50[Hz]の場合は、電圧(電流)の変化のパターンが1秒間に50回繰り返されるということです。なお、周波数は、以前は[C/s](サイクル·パー·セカンド：Cycle per second)という単位で表されていました。1秒間に(毎秒)何回転という意味です。

【交流電源の電圧の変化グラフ】

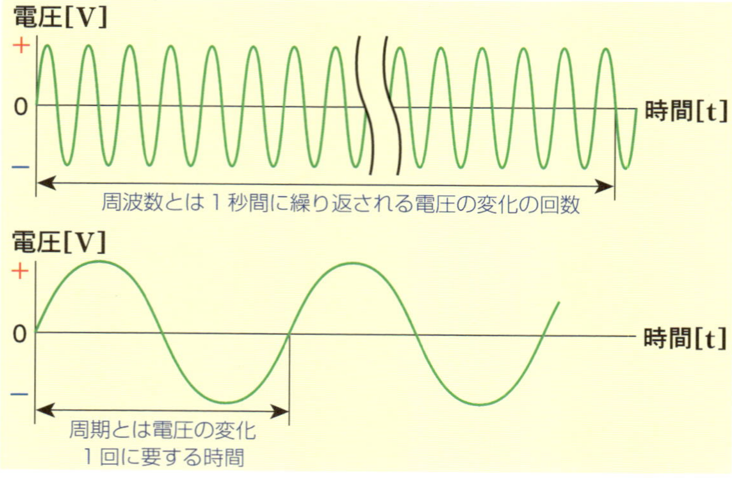
電圧[V]
＋
0
－
時間[t]
周波数とは1秒間に繰り返される電圧の変化の回数
電圧[V]
＋
0
－
時間[t]
周期とは電圧の変化
1回に要する時間

周波数の数字を逆数にした(分母と分子を入れ換えた)値、すなわち電圧の変化のパターン1回に要する時間のことを「周期」といいます。単位記号は[秒]または[s](セカンド: second)です。ちなみに、周波数50[Hz]の周期は、逆数にして1/50[s](0.02秒)になります。

■ 世界の交流の周波数

世界の交流電源の周波数には50と60[Hz]の2種類があり、日本では、中部地方の大きな川を境に、東側で50[Hz]、西側で60[Hz]で発電･送電されています。これは、日本の電力会社が発展途上にあった明治時代、発電機を欧米企業から輸入していて、現東京電力は50[Hz]のドイツ製を、現関西電力は60[Hz]のアメリカ製を導入したことに端を発しています。

これは大変都合の悪いことなのですが、電力ネットワークの整備が先行したため、統一するのに莫大な経費をかけるよりは、発電所で周波数変換を済ませたり、末端の電気機器で周波数を制御する仕組みで対応する方が現実的ということで、今日に至ってしまっています。交流用の電気機器が周波数の変化に対応できなかった昭和の中頃までは、中部地方をまたいで引っ越しする時に、家電製品が使えなくなることがありました。

＊「ヘルツ」は、電磁波の研究者ヘルツの名前から付けられた。108ページ参照。

【日本の地域別交流周波数】

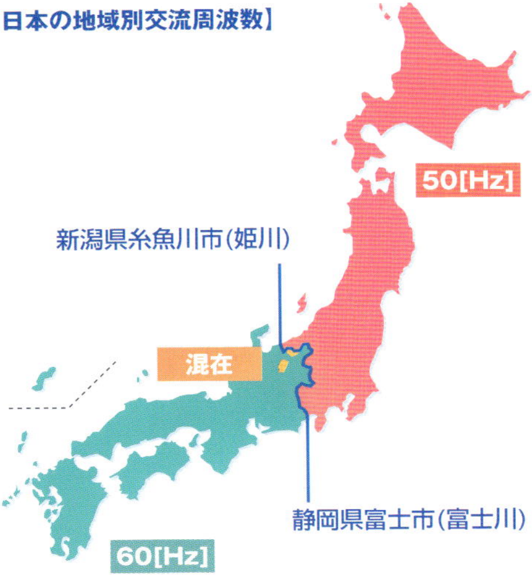
50[Hz]
新潟県糸魚川市(姫川)
混在
静岡県富士市(富士川)
60[Hz]

【世界の交流電源の周波数】

50[Hz]
ドイツ、イギリス、フランス、イタリア、オランダ、スイス、スペイン、スウェーデン、デンマーク、オーストラリア、ニュージーランド、中国、香港、シンガポール、インド、タイ、インドネシア、アルゼンチン、ペルー、チリ、イラン、クウェート、エジプト、ケニア
60[Hz]
アメリカ、カナダ、メキシコ、韓国、台湾、フィリピン、ブラジル
50[Hz]と60[Hz]が混在
日本、サウジアラビア

電気の不思議 1－18

交流の実効値

交流の実効値は直流と同じ電圧にする平均値！

■ 日本の電気コンセントは電圧 100 ボルト

日本の一般住宅の電気コンセントは100[V]ですが、工場などでは、電圧が200[V]や、それ以上の電圧も使われています。

外国では、一般住宅の電気コンセントでも200[V]以上に設定されている国が数多くあります。

200[V]で使う電気コンセントは、100[V]で使う電気コンセントと、刃(穴)の並びや大きさを変えてあります。また、大きな電流が流れるような大きなコネクタの電気コンセントもあります。

【スイッチ付き電気コンセント】

電気コードの抜き差し時の感電事故から身を守るため、外国の電気コンセントにはスイッチ付きのものもある

【スイッチ付きテーブルタップ】

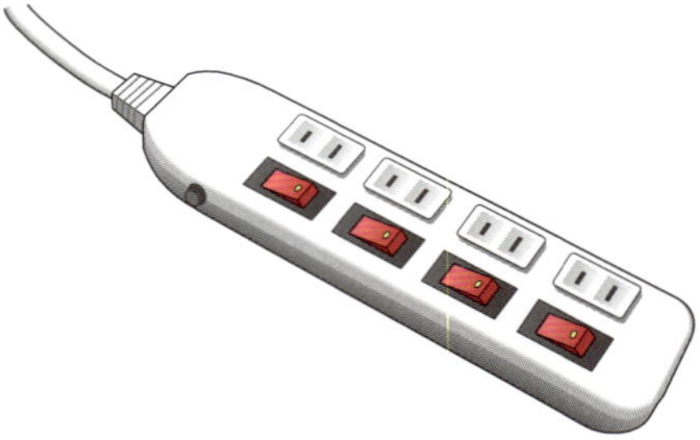

日本でも、スイッチ付きのテーブルタップが売られるようになってきたが、このような製品は、電気コードの抜き差し時の感電事故防止用というよりも、おもに節電効果を高めるための機器である

【おもな国の一般住宅の電圧】

日本	100(200)
アメリカ	120
ドイツ	220/230
韓国	110/220
オーストラリア	240/250

■交流の実効値とは

電気コンセントの電圧が100[V]とされていても、交流は常に電圧が変化しているため、100[V]の時もあれば、50[V]の時も、0[V]の時も、－の電圧の時もあります。100[V]とは何を示しているのでしょうか？

そこで、「交流の実効値」という値が登場します。交流100[V]といえば、交流の実効値が100[V]ということで、交流電圧は、約＋141[V]と約－141[V]の間を行ったり来たりしているのです。なお、－の電圧とは、電圧の向きが逆になっているということを意味していて(数学のベクトルの考え方)、電圧がなくなるわけではありません。

交流の実効値はいったい何かというと、電圧の大きさが変化する交流で、消費電力が直流と等価になるように平均化して置き換えた値です。これは、交流が使われ始めた当初、直流で使っていた電球などが、交流でも同じように使えるようにするための配慮だったのでしょう。

【交流電圧の実効値】

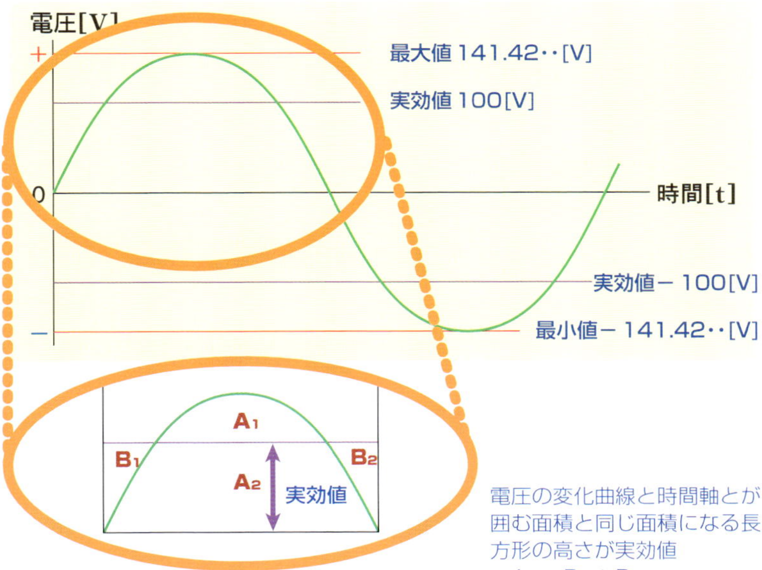

電圧の変化曲線と時間軸とが囲む面積と同じ面積になる長方形の高さが実効値

$A_1 = B_1 + B_2$

$A_1 + A_2 = A_2 + B_1 + B_2$

Column #1

《 静電遮蔽 》

屋外で落雷に見舞われたら高い木の幹から2m以上離れれば安全とされていますが、もっと確実な退避場所は自動車の中です。電車やバスも同じですが、ほとんどが金属に覆われている車体は落雷による放電流が落ちても中まで入り込んで人を直撃することはまれにしかありません。これは静電遮蔽(静電シールド)とよばれる現象で説明できます。落雷時、車体は誘電体となり、落雷の放電流と車体の誘電分極が電圧を打ち消し合って、内部の空間に放電流は流れないのです。でも、雨で濡れた手で車体の金属部分に触れていたりすれば放電流は伝わってきます(フロントガラスを突き破った事例もある)。

車内の電圧は打ち消される
自動車はタイヤが絶縁体ということも避雷効果が高い理由の1つ

静電遮蔽のイメージ

《 周波数変換所 》

50[Hz]と60[Hz]の発電所が混在するのは､送電ネットワークの運用上、支障があります。そこで、1965年、佐久間ダム発電所(静岡県浜松市、(株)電源開発)に周波数変換所がつくられました。ここを通すことで、周波数を合わせた上で東西で相互に送電できるようになったのです。

現在、新信濃変電所(長野県朝日村、(株)東京電力)や東清水変電所(静岡市、(株)中部電力)などに周波数変換所があります。また、JRも独自の周波数変換所をもっています。

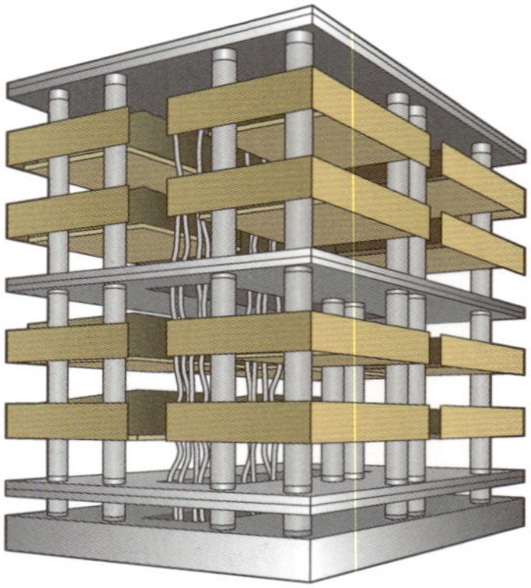

発電所に設置される周波数変換装置

第2章

電気の基礎を築いた人たち

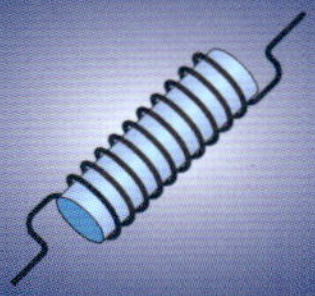

本書の核心部分である第２章は、電気の不思議と格闘した近代科学者たちの話しです。17世紀後半から20世紀前半にかけては、電磁気に関する新発見や科学的解明を成し遂げた天才が輩出し、電気の不思議への挑戦は静電気から電磁気へと展開して裾野を大きく拡げていった時代でした。中でも研究の中心は、電気と磁気の関係の解明であり、産業界での開発・発明の中心は、電磁気を利用した発電機や電動機の実用化に移っていったのです。

各項目で時代が多少前後しますが、欧米を舞台に展開された重大な発見・発明・理論の歴史をたどります。時折、現在の技術解説もはさみながら、今の電化社会の基礎・基盤を築いたスーパースターたちが電気の基本原理を解き明かしていく物語をお読みいただき、電気の正体に迫ってください。

電気の不思議 2−1

静電気と人類の関わり

身近に体験できた不思議な静電気！

■ 静電気の正体

第１章でお話ししたように、静電気は私たちが体験できる身近な電気です。静電気とは物体に＋または−の電気(電荷)が保持された状態のことで、電池を導線でつないだ時に流れる電流とは異なり、流れない(動かない)電気なので静電気とよばれています。これ以降、しばらくは静電気の話が続きますので、ここで、静電気の基本的な性質について説明しておきます。

静電気の＋と−では、−が＋に移動しようとするため引き付け合います。プラスチックの下敷きで髪の毛をこすって持ち上げると髪の毛が逆立つのはこのせいです。摩擦によって髪の毛から下敷きに−の静電気が移動したため、髪の毛が＋に、下敷きが−に帯電し、下敷きの−が髪の毛の＋に移動しようとして引き付け合うからです。

静電気は＋どうし、−どうしでは反発し合います。これらの現象を科学的に説明したのはクーロン(64ページ参照)で、18世紀末のことですが、

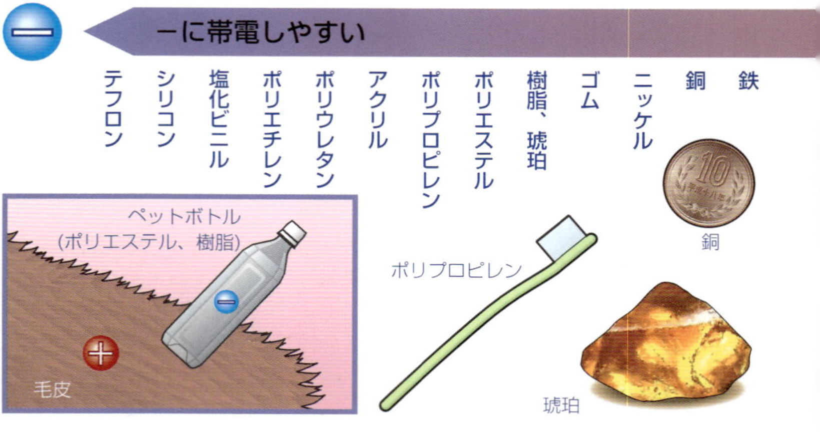
−に帯電しやすい
テフロン
シリコン
塩化ビニル
ポリエチレン
ポリウレタン
アクリル
ポリプロピレン
ポリエステル
樹脂、琥珀
ゴム
ニッケル
銅
鉄
ペットボトル
(ポリエステル、樹脂)
毛皮
ポリプロピレン
銅
琥珀

静電気の＋と－も－の電気の過不足が正体なのです。本書の中心のテーマである電気も、この－の電気すなわち「電子」が主役を演じていきます。

■ 静電気と人類の長い関わり

さて、電気の歴史を紐《ひも》解く旅を始めましょう。

静電気は古くから知られていました。紀元前600年頃の古代ギリシャの哲学者タレスやプラトンは、琥珀*を布などでこすり合わせるとチリを吸い寄せることを記述していますが、当時は琥珀だけに起こる現象と思われていたようです。電気を表す英語のelectricityの語源は、琥珀を表すギリシャ語のelektronというのも、その歴史を物語っています。

16世紀中頃、医師であり磁石研究家であったギルバートは、方位磁針(コンパス)が北を指す原因が磁気にあり、地球の中に大きな磁石があるという仮説を発表しました。そんな研究の中で、物と物を摩擦させることで発生する静電気を調べる実験にも手を伸ばし、琥珀以外にも静電気を帯びる物質があることを発見しています。琥珀の電気の発見から、実に2000年以上もの時を経ていましたが、この頃から、電気現象の研究成果が徐々に蓄積されるようになっていくのです。

＊琥珀とは、おもに松や杉などの樹液が地中に漏れ出し、長い年月をかけて固化した樹脂(松ヤニ、天然ゴム、ろうなど)成分の化石。樹種や生成土壌質などにより、その姿はさまざまで、珍しいもの、美しいものは、鉱物や宝石のような装飾品として流通している。

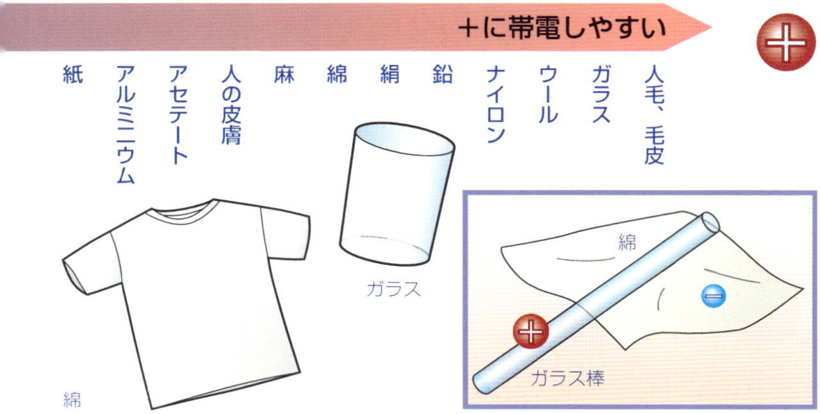

電気の不思議 2−2

ゲーリッケの硫黄球　ガラス電気と樹脂電気

静電気をたくさんつくる機械の発明！

■ ゲーリッケの回転硫黄球による静電気発生器

1660年頃、ゲーリッケは、硫黄球を回転させた時の摩擦で静電気を起こす機械をつくりました。ゲーリッケは静電気研究のパイオニアの1人です。それまで、静電気は琥珀の棒と布をこすって起こすささやかなものでしたから、大量の静電気をいつでも簡単に起こすことのできる機械は大発明で、ここから静電気の本格的な研究が始まります。

まずゲーリッケは、琥珀を布などで強くこすり続けた後で他の物に近づけると、引き寄せたり、パチパチと音を上げたり、ほんの少し発光したりすることを発見しました。このような実験を繰り返すうちに、静電気には引き寄せる力のほかにも反発する力があることと、帯電した物の近くに他の物を置くとそれも帯電することを確認しました。

【静電気発生器】

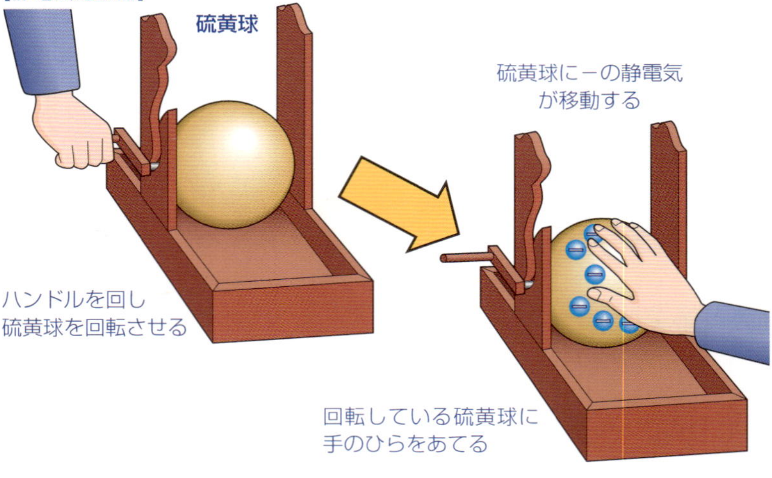
硫黄球
ハンドルを回し
硫黄球を回転させる
硫黄球に－の静電気
が移動する
回転している硫黄球に
手のひらをあてる

ゲーリッケは研究を続け、引き寄せたり反発したりする力がより強くなる物質を探し続け、硫黄に出会いました。硫黄を直径30[cm]程度の球隗に成形し、直径方向に回転軸をつけて回転させ、それに乾いた手のひらを接触させることで、硫黄球に－の静電気を大量につくることができました。この－に帯電した硫黄球に他の物質を接触させることで静電気の移動が可能になったのです。ゲーリッケの硫黄球は、いつでも何度でも電気を取り出せる静電気発生器としては世界初のものであり、この機械により、火花放電現象などの確認や、後のフランクリンの凧揚げ避雷実験につながっていくことになります。

その後、多くの科学者によって静電気発生器の改良が続き、持ち運びしやすい機械や大きな機械もつくれるようになり、静電気は琥珀でなくても起きるといったこともわかっていきます。

18世紀に入ると、グレイは、物質には２種類の電気が同じ量だけあり、これが摩擦によって分離して静電気が起きると考えました。

グレイの考えを受けたデュフェイは、すべての物質は帯電する可能性があることを主張し、何と何をこすると電気が発生するかを整理して、電気には２種類あるのではないかと考え、それぞれガラス電気と樹脂電気とよぶことにしました。

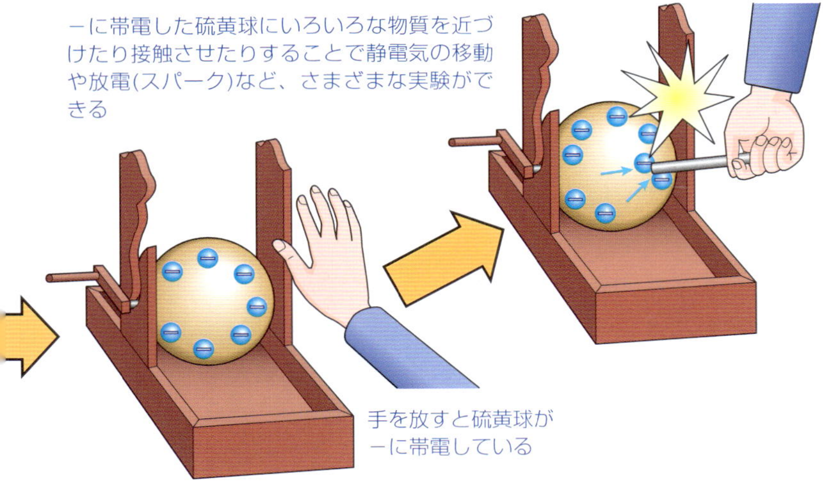
－に帯電した硫黄球にいろいろな物質を近づけたり接触させたりすることで静電気の移動や放電(スパーク)など、さまざまな実験ができる
手を放すと硫黄球が
－に帯電している

ライデン瓶

静電気貯蔵装置ライデン瓶の発明！

■ 静電気を貯めておける静電気発生器の登場

せっかく自由に起こすことに成功した静電気ですが、いつの間にか放電してしまいます。

何とかして静電気(電荷)をためておこうという研究の結果、1746年に、クライストやオランダのライデン大学のミュッシェンブレーケらによって、後にライデン瓶とよばれる装置が、それぞれ別々に発明されました。

【ライデン瓶】

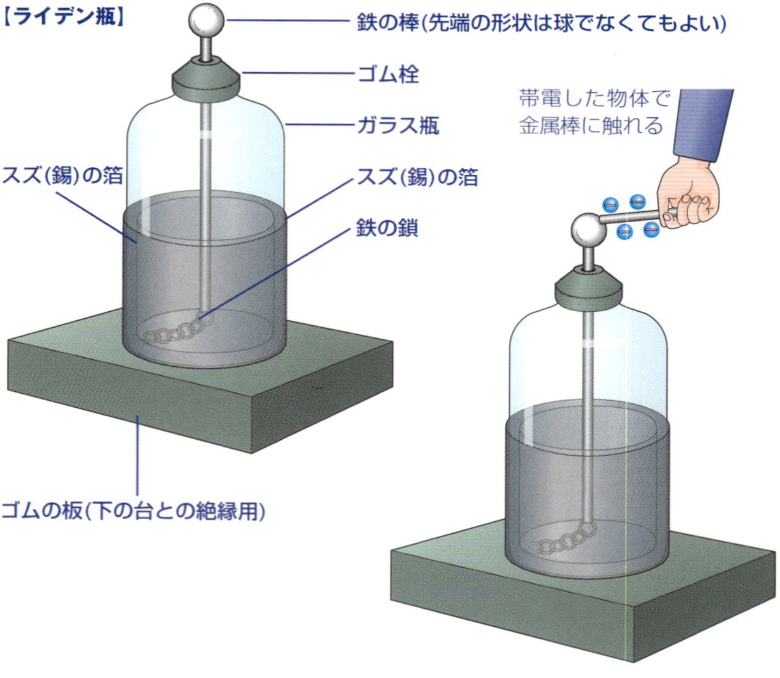
鉄の棒(先端の形状は球でなくてもよい)
ゴム栓
ガラス瓶
スズ(錫)の箔
スズ(錫)の箔
鉄の鎖
ゴムの板(下の台との絶縁用)
帯電した物体で
金属棒に触れる

ライデン瓶の構造は単純です。ガラス瓶の内側と外側の表面に、それぞれスズ(錫)製の薄い箔を貼ります。瓶の口をゴム栓でふさぎ、瓶に触れないように鉄製の棒をゴム栓をくりぬいて中に差し込み、鉄製の棒の先に付けた鉄製の鎖が、瓶底のスズ箔に接触するようにします。瓶はゴム板の上に乗せ、外部と絶縁します。

さて、静電気をためる実験です。ゲーリッケの硫黄球などで発生させた静電気(＋でも－でもよい)を帯びた物体を鉄棒の先端に接触させます。その結果、内側に貼った箔に帯電した静電気が、外側に貼った箔に集まる反対の静電気との間でお互いに引き付け合うことになり、静電気はいつまでも、両方の箔にとどまることになります。このライデン瓶が、電気がなぜ放電するのか、そしてどうやって放電するのかを示唆することになりました。

なお、ライデン瓶は、プラスチックのコップとアルミホイルを使って簡単に再現できるので、皆さんも試してみると面白いでしょう。

内側のスズ箔が帯電し、その結果、それと引き付け合う静電気が外側のスズ箔に集まり、両静電気が保持される

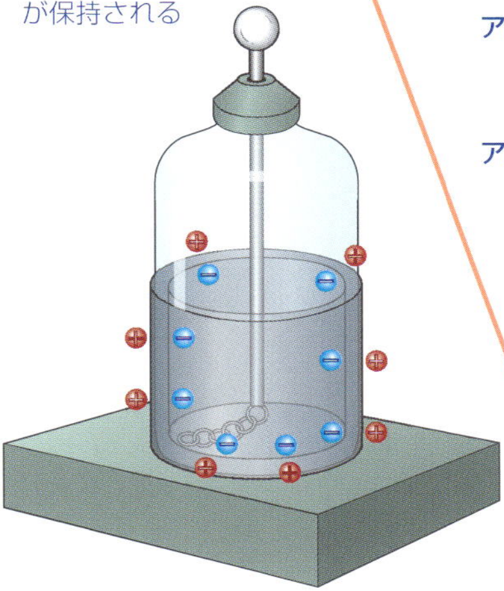

【現代版簡易ライデン瓶の実験】

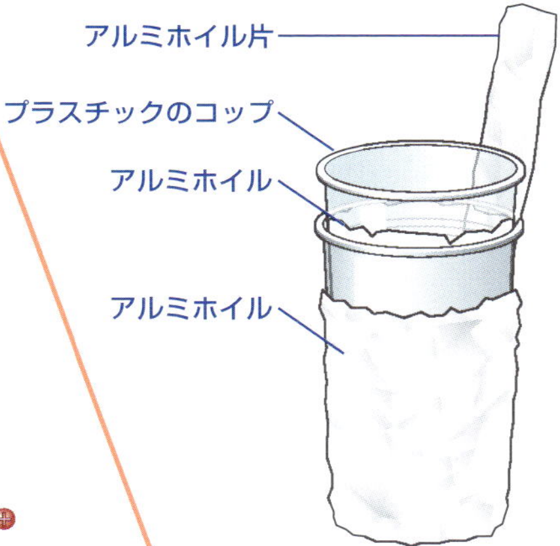

アルミホイルを巻き付けたプラスチックのコップを２つ重ね、間にアルミホイル片を差し込む

ボルタの電気盆

静電気貯蔵装置の改良型、電気盆の発明！

■ 静電気を測る

静電気はかなり大きなものをつくれるようになりましたが、いったいそれが何なのかについては、いろいろな意見がありました。また、帯電した物質は重くなるのか軽くなるのか、ライデン瓶に貯めた電気はたくさん貯まったのかそうでもないのかといった疑問も出てきました。

当時は測定器どころか、何を測るかもよくわからなかったので大変です。研究者の中には、わざと自分を感電させて、その時のショックを基準にして実験を行っていた人もいます。

そんな折、後に電池を発明するボルタはいくつかの検電器を考案し、これを利用して手探りながらも電気の量や強さを測る試みをしていました。

■ ボルタの電気盆と静電誘導

1775年、ボルタは、＋でも－でも簡単に取り出すことのできる電気盆を開発し、静電気の本格的な実験に着手しました。

電気盆の構造と原理も単純です。金属の箱に樹脂(天然ゴムやろうなど)

【電気盆の原理のイメージ】

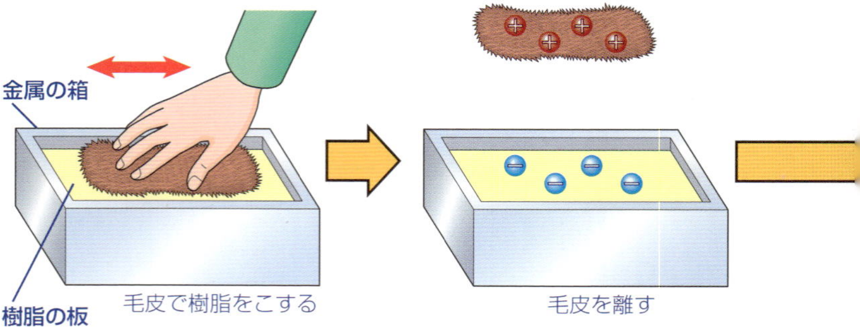
金属の箱
樹脂の板
毛皮で樹脂をこする
毛皮を離す

の板を入れ、乾いた状態の樹脂の板を毛皮でこすると、樹脂の板には－、毛皮には＋の静電気が発生します。毛皮を離し、樹脂の板の上に別の金属の板を乗せると、金属の板は、樹脂の板の静電気との引力・反発力により、樹脂の板に近い所が＋、樹脂の板から遠い所が－に帯電します。これは金属の板の自由電子が移動することによって起こる現象で、静電誘導とよびます(台である金属の容器にも同じことが起こります)。

この時、乗せた金属の板に指で一瞬触れると、金属の板の自由電子が指を通って地面に逃げ(アース)、金属の板には＋だけが残り、＋に帯電します。

金属の板に付いている絶縁体(ゴム)の棒を持つことで、金属の板を＋に帯電したまま持ち運ぶことができるという仕掛けです。

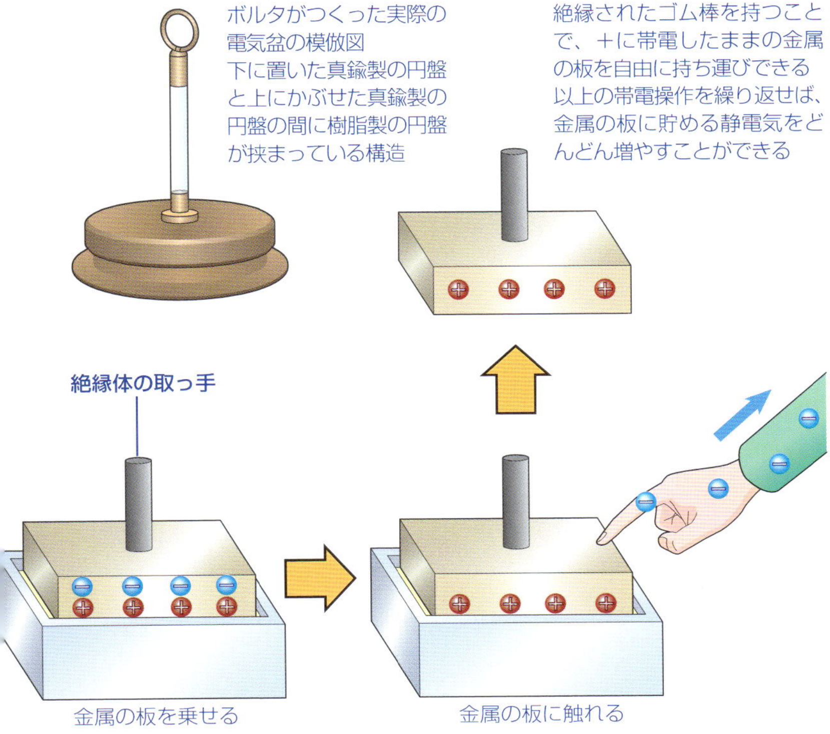
ボルタがつくった実際の電気盆の模倣図
下に置いた真鍮製の円盤と上にかぶせた真鍮製の円盤の間に樹脂製の円盤が挟まっている構造
絶縁されたゴム棒を持つことで、＋に帯電したままの金属の板を自由に持ち運びできる
以上の帯電操作を繰り返せば、金属の板に貯める静電気をどんどん増やすことができる
絶縁体の取っ手
金属の板を乗せる
金属の板に触れる

ボルタの箔検電器

静電気を測る箔検電器の発明！

■ 検電器の元祖、ボルタの箔検電器

ボルタは、静電誘導の実験をさらに厳密に効率的に行うため、電気盆を改良してさまざまな検電器を開発しました。なかでも、箔《はく》(ごく薄い金属のシート片)の開閉を利用した箔検電器は、その改良型が、今でも高校の理科の授業などの学習用機材として使われています。

箔検電器の原理はきわめて単純で、導体の先端に自由に開く２枚の薄い箔を付けただけです。導体が＋や－に帯電すると、２枚の薄い箔が同種の静電気になることで反発して開きます。導体に触れるなどして帯電状態が解消されると、２枚の薄い箔は閉じます。箔の開閉や、開く角度の大小で、帯電の状態や静電気の強弱を測ることが可能になります。

下図のイラストは、現在でも使われているタイプの箔検電器ですが、ボルタが最初につくった箔検電器は、前述の電気盆を発展させた構造でした。電気盆でも同じことができましたが、次項で紹介する蓄電器に帯電させる操作を繰り返すことで、導体に静電気を蓄積させていくことができ、これが、後に、コンデンサ(蓄電器)の発明につながりました。

【箔検電器の基本構造】

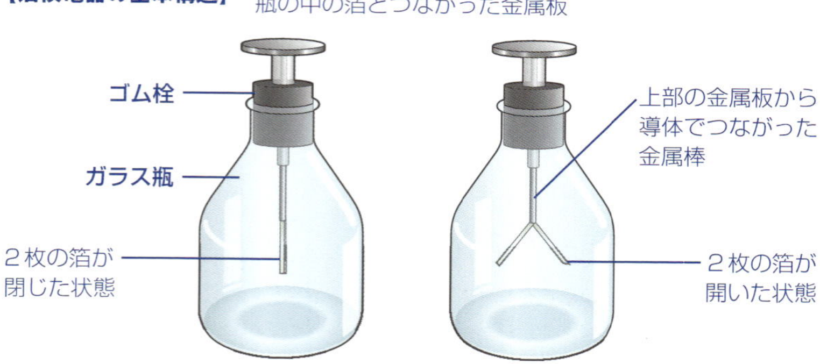
瓶の中の箔とつながった金属板
ゴム栓
ガラス瓶
２枚の箔が
閉じた状態
上部の金属板から
導体でつながった
金属棒
２枚の箔が
開いた状態

【箔検電器による帯電実験のいろいろ】

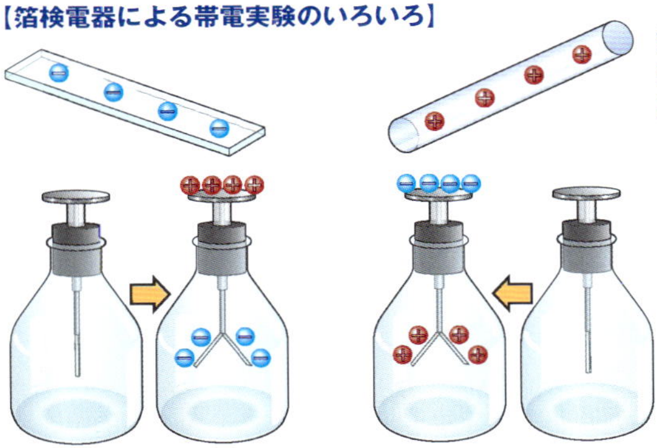

箔が閉じている時、上部の金属板に帯電体を近づけると･･･

導体内で＋と－が分極し、片方の静電気が集まる２枚の箔はお互いに反発し合い、開く

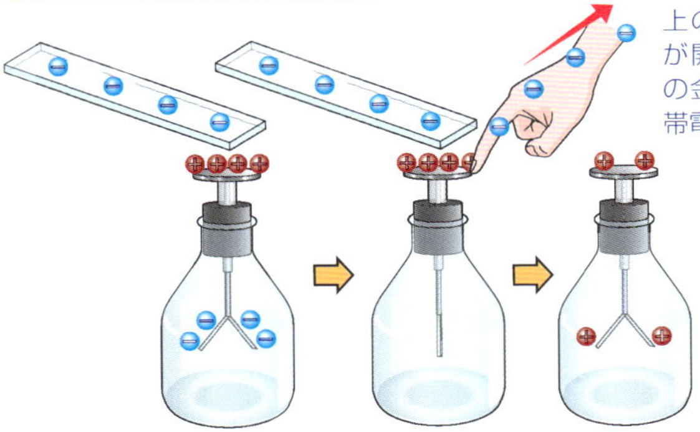

上の実験の続きで、箔が開いている時、上部の金属板に触れてから、帯電体と指を離すと･･･

箔に帯電していた静電気がアースされてなくなるので、箔には上部の金属板の静電気が移動してきてお互いに反発し合い、再び開く

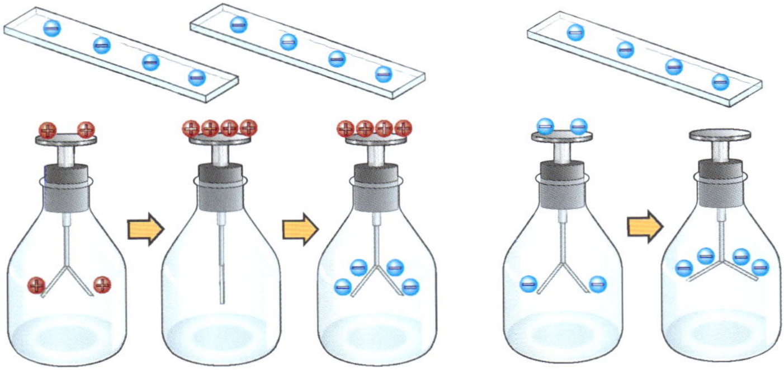

上の実験の続きで、箔が開いている時、上部の金属板に帯電体を近づけると･･･
帯電体の静電気が金属板と異種ならば、箔は一瞬閉じて、再び開く(左上図)
帯電体の静電気が金属板と同種ならば、箔は前より大きく開く(右上図)

電気の不思議 2－6

ボルタの蓄電器

電気盆の実験から生まれたコンデンサの原型！

■ 電気盆の静電気(帯電)を確認する箔検電器

ボルタは、電気盆の実験で使った金属板と同じ構造のものを箔検電器の頂部にも付け、金属板の表面をニスのような樹脂系の塗料で絶縁しました。電気盆で帯電させた金属板を、箔が閉じた箔検電器の金属板に合わせ鏡のように乗せ、箔検電器の金属板を指で触れると(アース)、箔が大きく開いたのです。

この現象は、電気盆で帯電させた金属板の静電気によって箔検電器側の静電気が分極し、アースすることで一方の静電気が大地に流出し、箔検電器には１種類の静電気のみが残ったことを示しています(もちろん当時は＋－の区別は付きませんでしたが･･･)。

この操作を繰り返すことで箔の開きが大きくなり、箔検電器に静電気が

【ボルタの蓄電実験】

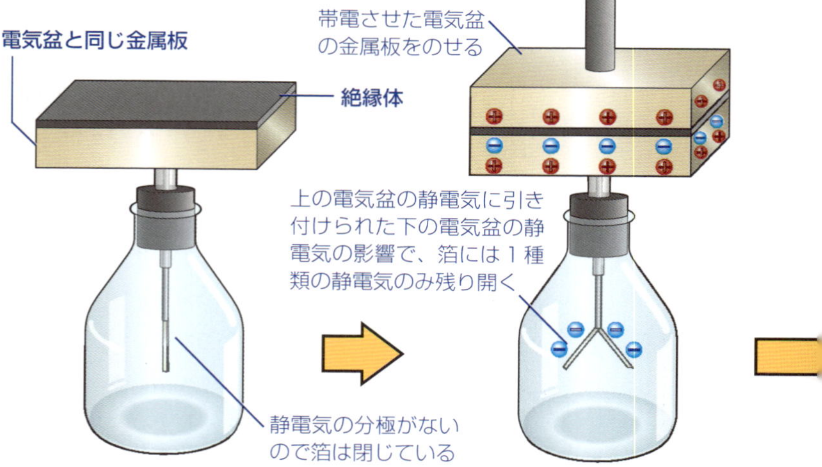
電気盆と同じ金属板
絶縁体
静電気の分極がないので箔は閉じている
帯電させた電気盆の金属板をのせる
上の電気盆の静電気に引き付けられた下の電気盆の静電気の影響で、箔には１種類の静電気のみ残り開く

どんどん貯まっていく様子が観察できました。使用する金属板を導電性のよい金属で大きくつくることで、静電気の量は増えることになります。

■ コンデンサ(キャパシタ)への発展

ボルタの装置のアイデアは、現在の重要な電子素子である「コンデンサ(蓄電器)」の原型となりました。

コンデンサ*は静電気を一時的に蓄えておくだけの機能しか持ち合わせてはいませんが、構造的に、直流電流は流さず、交流電流は流すという特性があるため、ありとあらゆる電気回路に応用される現代の電気製品には欠かせない最重要電子素子の1つです(詳細は154ページを参照)。

第1章で紹介した「抵抗器(レジスタ)」、このあと登場する「コイル(インダクタ)」とともに電気回路の三大受動素子*となります。

* コンデンサ(condenser)は英語で「濃縮器」となり別の機器を意味することが多い。蓄電器を意味する国際的に正確な呼称はキャパシタ(capacitor)。

* 電気を使ったり貯めたり出したりする機器。反対に電気の性質を変える機器のことを能動素子といい、後述するダイオードやトランジスタがそれにあたる。

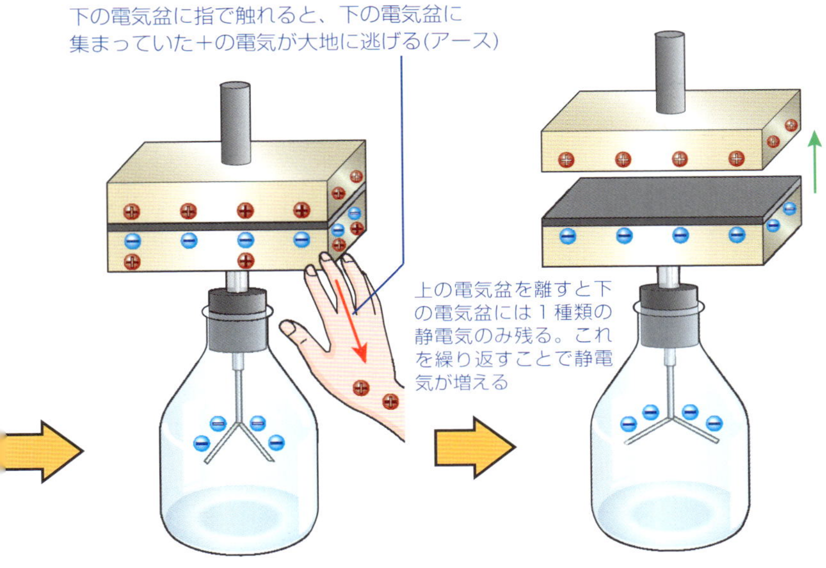
下の電気盆に指で触れると、下の電気盆に集まっていた＋の電気が大地に逃げる(アース)
上の電気盆を離すと下の電気盆には1種類の静電気のみ残る。これを繰り返すことで静電気が増える

雷と人類の関わり フランクリンの凧

雷の正体を突き止めたフランクリン！

■ 古代から怖れられていた雷

大きな音と光を発する雷は、当たれば死ぬこともある強力なエネルギーをもっています。インド神話のシバ、日本の雷神、ギリシャ神話のゼウス、北欧神話のトールなど、雷の神は世界各地の神話に登場し、古代から人々に怖れられていました。静電気と並んで身近な電気現象である雷の探求にも、多くの人が挑戦しました。巨大な力をもつ雷は静電気の火花と似ているのではないか、静電気の研究が進むにつれ、そんな仮説が出てきました。もしかしたら同じものなのではないか？

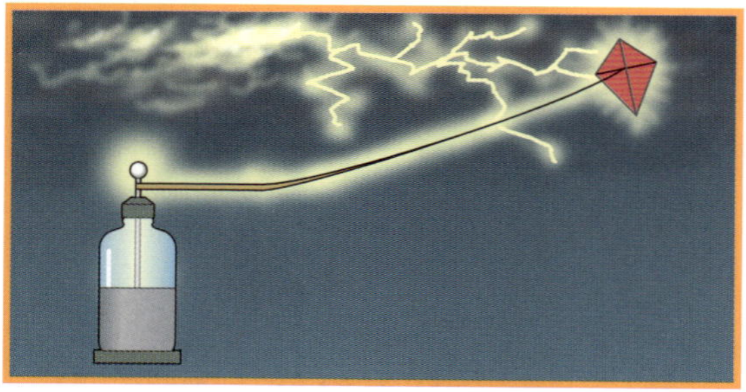

【フランクリンの凧】
凧に被雷させ、糸につなげたライデン瓶に静電気を貯めた

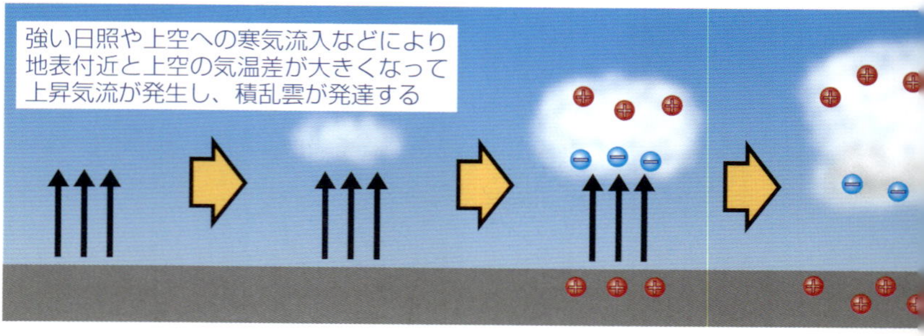
強い日照や上空への寒気流入などにより
地表付近と上空の気温差が大きくなって
上昇気流が発生し、積乱雲が発達する

■ フランクリンの凧

電気を貯める装置であるライデン瓶ができたことで、フランクリンは、1752年、雷が鳴っている時に凧を上げ、凧糸の先端と地面の間にライデン瓶を置く実験を行いました。しばらくの時間、凧を上げておいてから、ライデン瓶を持ち帰って調べてみると、ライデン瓶に電気が貯まっていることがわかり、雷の正体は電気だということを突き止めたのです。

この実験を機にフランクリンは、デュフェイが提唱した電気がガラス電気と樹脂電気(53ページ参照)とに分かれるという説に疑問を抱き始め、電気は電気の素1種類のみで、その過不足により＋と－に分かれていて、過不足を解消するため＋から－に電流が流れているのではないかと考えました。そして、ガラス電気を＋(正)電気、樹脂電気を－(負)電気と命名しましたが、それから百数十年後の19世紀末、ファラデーやトムソンによって、電気の素が電子であり、それが樹脂電気と同じ－の電気であるという発見がなされ、電気の向きの定義と実際が逆になりました。

なお、フランクリンは、雷が空から落ちるだけではなく、地上から天に向かう場合もあることなどを突き止めたり、落雷被害を抑える避雷針を発明しています。当時、アメリカがイギリスから独立する際にも奔走し、科学の中心地であったヨーロッパでも、物理学者、気象学者、そして政治家としてのフランクリンの業績は高く評価されました。

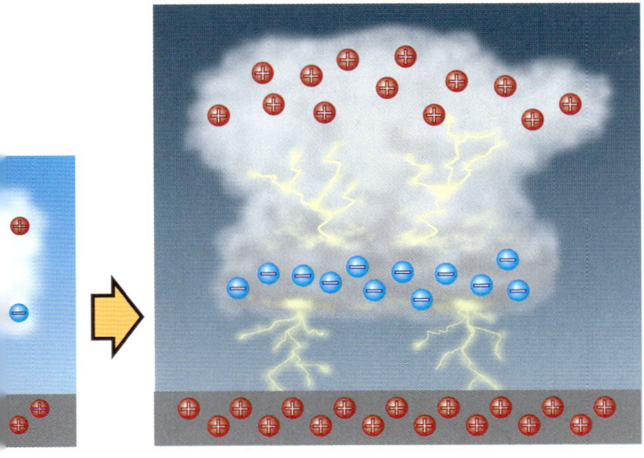

【雷】

積乱雲の中で氷や雨粒などが上昇気流や重力によって乱高下し、激しく摩擦しあうことで静電気が発生する

この分極の電気エネルギーが限界に達すると、地表との間で放電(スパーク)して落雷となる

稲光や稲妻は、落雷時の電気エネルギーが光や音のエネルギーに変換された結果である

電気の不思議 2−8

クーロンの法則 ガウスの法則 ウェーバの法則

電気による力の科学的な解明！

■ クーロン力とクーロンの法則

クーロン*は、静電気に帯電した物体どうしが引き付け合ったり反発し合ったりすることを科学的に究明するため、小さな力を精密に測ることができる測定器を開発して静電気の力を測定しました。その結果から、「帯電した物体相互の力の大きさ(クーロン力という)は、2つの物体の静電気の量(電荷)の積に比例し、物体間の距離の2乗に反比例する。同種の静電気の間には反発力(斥力)、異種の静電気の間には引力が働く」というクーロンの法則をまとめました。1789年頃のことです。

クーロンは、当時としては非常に精密な実験を行い、実験結果を数式で表しました。おそらくクーロンは、仮説をもとに実験を行ったのでしょうが、仮説を検証するための実験機器の開発と理論の構築を行ったクーロンの業績は素晴らしいものです。

【静電気の電荷のイメージと静電気の性質】

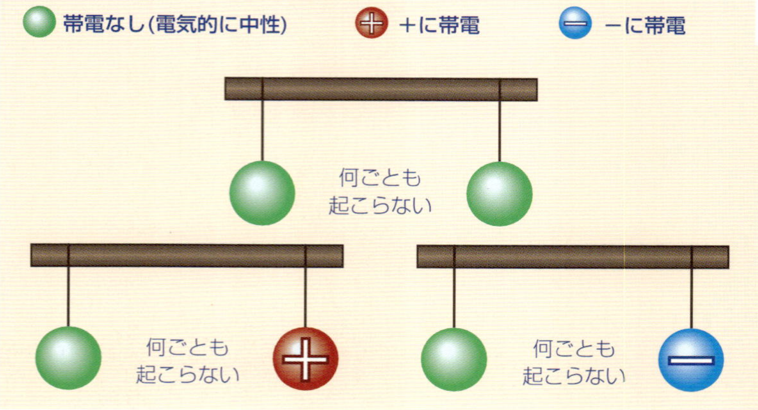
帯電なし(電気的に中性)
＋に帯電
−に帯電
何ごとも
起こらない
何ごとも
起こらない
何ごとも
起こらない

■ ガウスの法則、ウェーバの法則、磁気に関するクーロンの法則

時を経た19世紀の中頃、数学者ガウスがクーロンの法則を発展させ電界と電荷の関係を数式化したガウスの法則を発表します。

同じ頃、ウェーバも、巧みな実験装置を用いた電磁気の解明に取り組み、電荷に働く力を数式化したウェーバの法則を発表します。

そして、磁気は電気の性質と似ているという仮説を立証する形で、磁気に関するクーロンの法則も発表されたのです。ガウスもウェーバも磁界の強さを表す単位の1つに採用されています。

＊「クーロン」も電荷の単位[C]になっている。1[C]は1[A]の電流が1秒間に運ぶ電荷(電気量)で、電子の電荷(電気素量という)の約 6.24×10^{18} 倍の量になる。

【クーロンの法則】

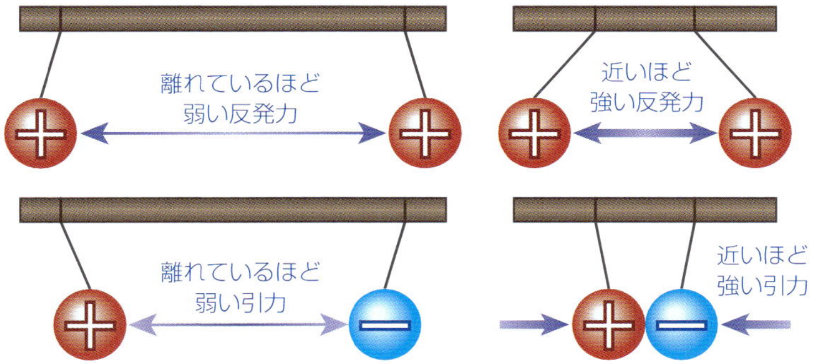

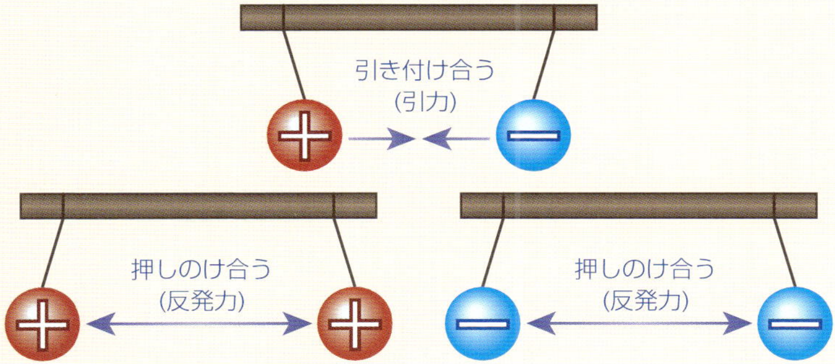

電気の不思議 2－9

生物電気と人類の関わり

生物に宿る電気現象の研究！

■ 生物電気研究の盛衰

静電気についての研究はずいぶん進みましたが、静電気は何かに使おうとしても、ライデン瓶のような器具を使わない限りすぐに放電してしまうので、静電気のショックで病気を治す療法などで病院で使われる程度でした。そんな時、ガルバーニの妻が、静電気発生器の近くでカエルの脚に金属を付けると筋肉が動くことを発見しています。

1791年、ガルバーニは、雷でも同じことが起きるかを確かめるために、激しい雷の鳴る日、カエルの脚を窓に吊して避雷針と地面の間につなぎま

【カルバーニの実験】

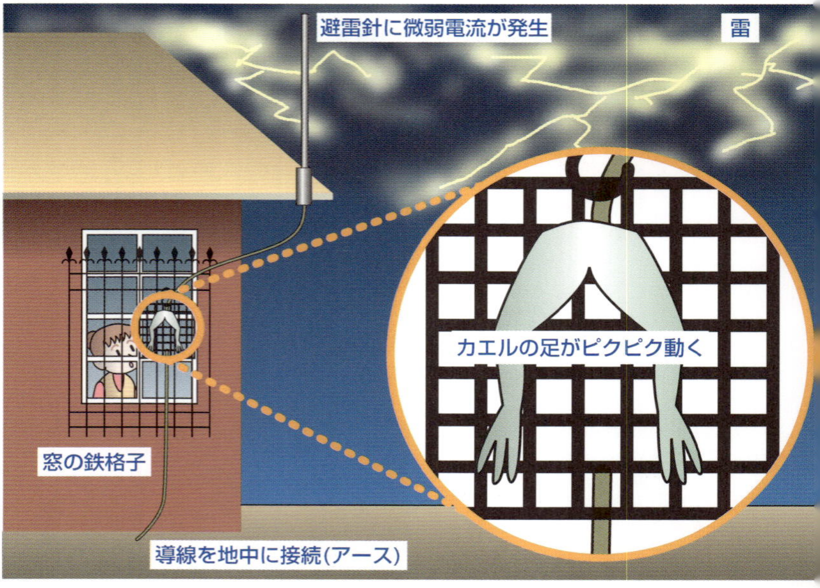
避雷針に微弱電流が発生
雷
カエルの足がピクピク動く
窓の鉄格子
導線を地中に接続(アース)

した。すると、雷が鳴るたびにカエルの脚は動いたのです。その脚は窓の鉄格子にぶら下がっていたのですが、助手が真鍮の鉤でさわると、脚が動くことも発見しました。

これよりカルバーニは、生物の中にも電気があるのではないかと考え、「生物電気」という仮説を立てました。大雑把にいうと、電気で筋肉が動くならば筋肉で電気がつくれるのではないかという仮説です。当時、デンキナマズやシビレエイなどの電気を出す生物は知られていました。博物学が大流行した時代でもあり、アフリカで電気ウナギを発見した博物学者は、強力な電気を出す動物の発見に大喜びし、生物電気説の支持者は、こぞって筋肉と電気の関係の研究に没頭したそうです。

生物電気説は、後のボルタによる電池の発明などによって下火になっていきますが、ガルバーニの仮説から約 100 年後に、心臓から電気が発生していることや、脳波が電気現象と関わりの深いことなど、生物の体内でも電気がつくられ使われていることがわかっていくのです。

【発電現象を顕著に見せる生物の例】

デンキウナギ

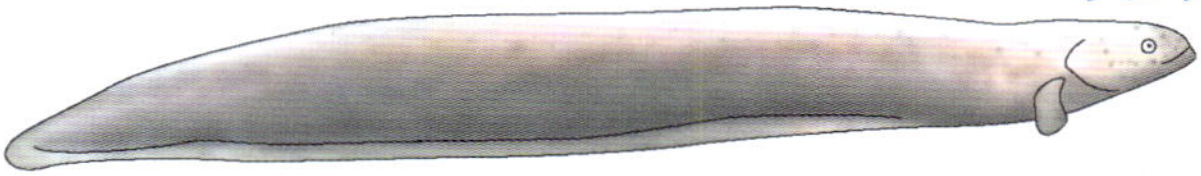

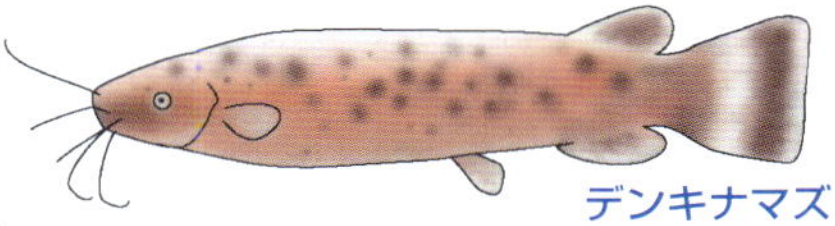

デンキナマズ

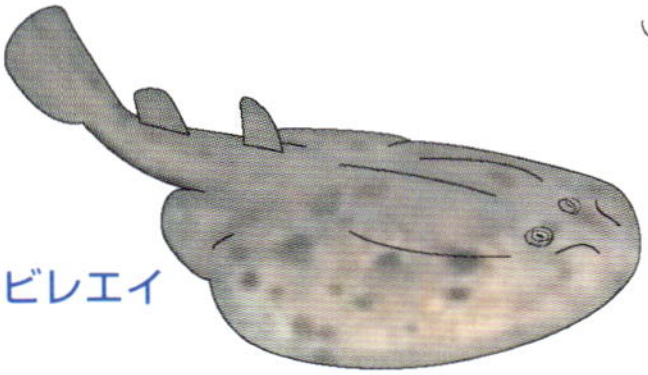

シビレエイ

カモノハシ

オーストラリア大陸の河川や湖沼に棲息する哺乳類の珍獣カモノハシは、体内電流を頼りに餌を探しているという

【生物発電の仕組み】

発電生物は、イオン化した細胞がまるで電池を直列につなげたように配置されることで誘電分極性の電圧を発生していると考えられている

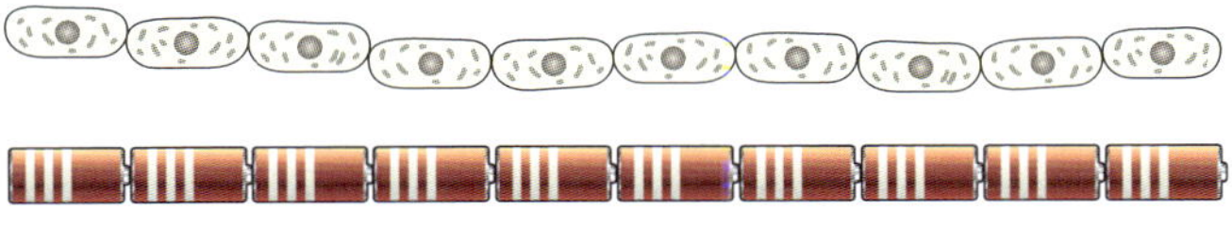

電気の不思議 2—10

ボルタの電池

実体験とアイデアから生まれた最初の電池！

■ ボルタ電池とボルタ電堆《でんたい》

ガルバーニの生物電気説は電気を研究していた人たちに大きなインパクトを与えましたが、電気盆を発明していたボルタは、生物電気の研究をしているうちに、カエルの脚の中に電気はないのではないかと考えるようになりました。

この時、電気盆や箔検電器の開発を続けていたボルタの頭の中にはもう１つヒントがあったようです。それは、銅と亜鉛で舌を挟むとビリビリするという他の科学者が発表していた科学レポートです。

ボルタら静電気研究者は、電気とカエルの脚には関係がなく、鉄格子と真鍮という２種類の金属が電気を起こしたのではないかと考えました。そこで銅板と亜鉛板で試したところ電気が発生したのです。その後、ボルタは何と何を付ければどの程度の電気が起きるかを整理しています。そして、

【ボルタ電池(ガルバーニ電池)】

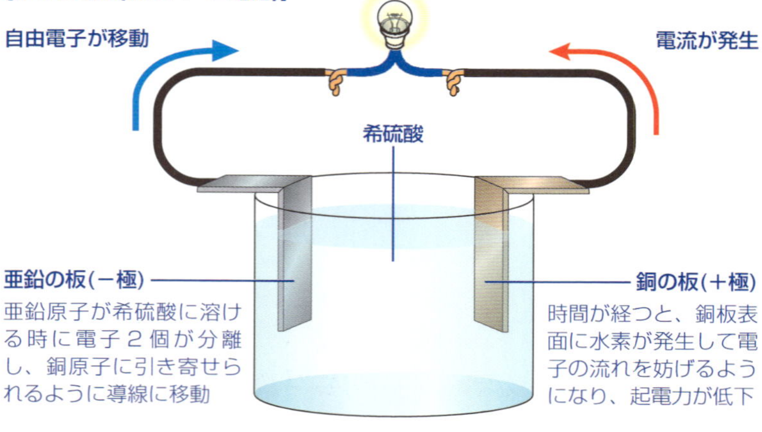
自由電子が移動
電流が発生
希硫酸
亜鉛の板(－極)
亜鉛原子が希硫酸に溶ける時に電子２個が分離し、銅原子に引き寄せられるように導線に移動
銅の板(＋極)
時間が経つと、銅板表面に水素が発生して電子の流れを妨げるようになり、起電力が低下

金属や液体にも電気が発生することをつきとめ、1799年、ついにボルタ電池をつくったのです。これを改良し、直列につないで高い安定した電圧のボルタ電堆《でんたい》をつくり、連続して電気をつくることに成功しました。

■ ボルタ電池の改良と大規模化

この分野で目覚ましい活躍をしたのはデービーで、250枚の金属板を使った当時最大のボルタ電池を武器に、1801年の燃料電池の原理(次ページ参照)など、次々と新発見をしました。その成果で、デービーのもとにはファラデーなどの優秀な弟子が集まり、研究が加速していきます。

時代は進みますが、1836年、ダニエルは、ボルタ電池が＋極で発生する水素で分極をおこして起電力がすぐになくなるという欠点を、硫酸銅と硫酸亜鉛の液を陶器に入れることで克服したダニエル電池をつくりました(150ページ参照)。

【ボルタ電堆】

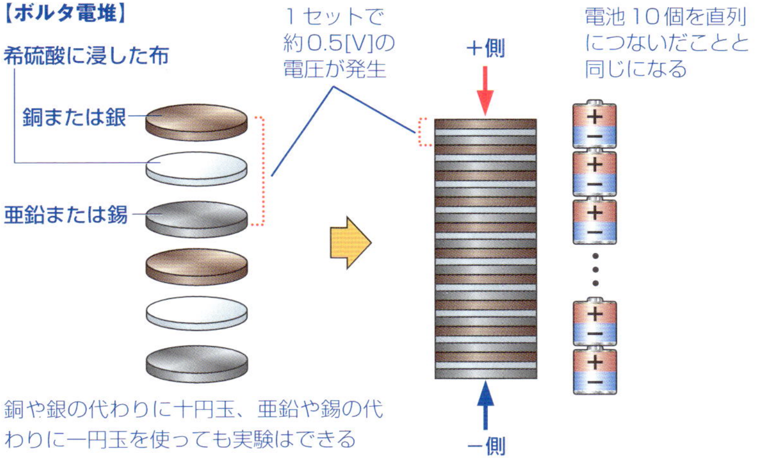
希硫酸に浸した布
銅または銀
亜鉛または錫
1セットで
約0.5[V]の
電圧が発生
＋側
－側
電池10個を直列
につないだことと
同じになる
銅や銀の代わりに十円玉、亜鉛や錫の代
わりに一円玉を使っても実験はできる

【金属の帯電しやすい極性】

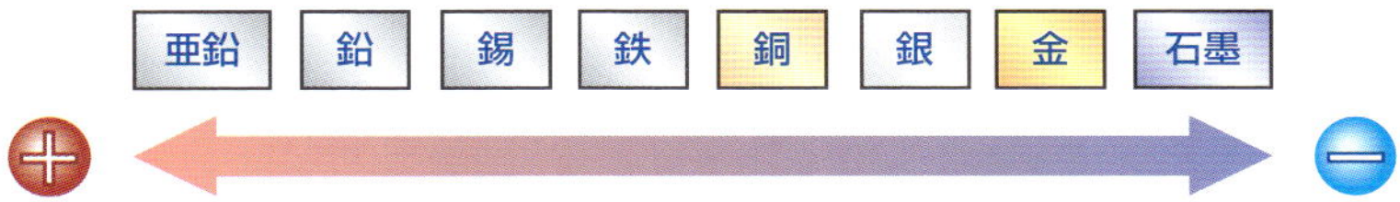
亜鉛
鉛
錫
鉄
銅
銀
金
石墨
＋
－

電気分解の発見

物質の組成解明に貢献した電気分解！

■ 水の電気分解の発見と化学の進歩への貢献

ようやくまともな電源ができ、電気学の裾野は広がりを見せ、電池を使って次々と新しい発見が出てきました。

1800年にはカーライルらが水の電気分解現象を発見し、それ以上細かく分けられないと考えられていた水の分解に成功しました。水に電気エネルギーを与える(ボルタの電池で電圧をかけて水中で電流を流す)ことで、水から水素と酸素との2種類の気体が発生することをつきとめたのです。それまでは、水をそれ以上細かく分けることはできなかったのですが、水から水素と酸素が発生するということは、水が分解できるという証拠であることがわかりました。これから、他にも分解できる物質があるはずだということで、デービーやファラデーらによってさまざまな物質の分解が試みられるようになり、化学が飛躍的な進歩を遂げる時代に入るのです。

後述する燃料電池は水の電気分解の逆反応を利用する一種の発電システムです。生成(排出)物が水だけという注目のシステムですが、その歴史は古く、原理の発見はボルタ電池を研究していた1801年のデービー、発電実験の成功は1839年のグローブ、発電ユニットの開発は1952年のベーコンによります。

■ 水の電気分解の原理

水中に＋－の電極を入れて(＋－の電極間を空ける)、電流を流します。この時、自由電子が金属の導線を移動して電流となる状態とは様子が異なり、－の電極から水中に出てきた自由電子が水との反応によって電子を入れ替え電流が流れている状態になります。－の電極から出てきた電子が水中に出る時に水素が、水中から＋の電極に電子が入る時に酸素が、それぞれ発生するのです。

【水の電気分解の実験例】

純水には自由電子がないので電流が流れず電気分解はできない。そこで、実際の水の電気分解の実験では、希硫酸や水酸化ナトリウム溶液を触媒に使って反応を促す。ただし水道水などは殺菌用の塩素などが混入しているので電気分解が可能

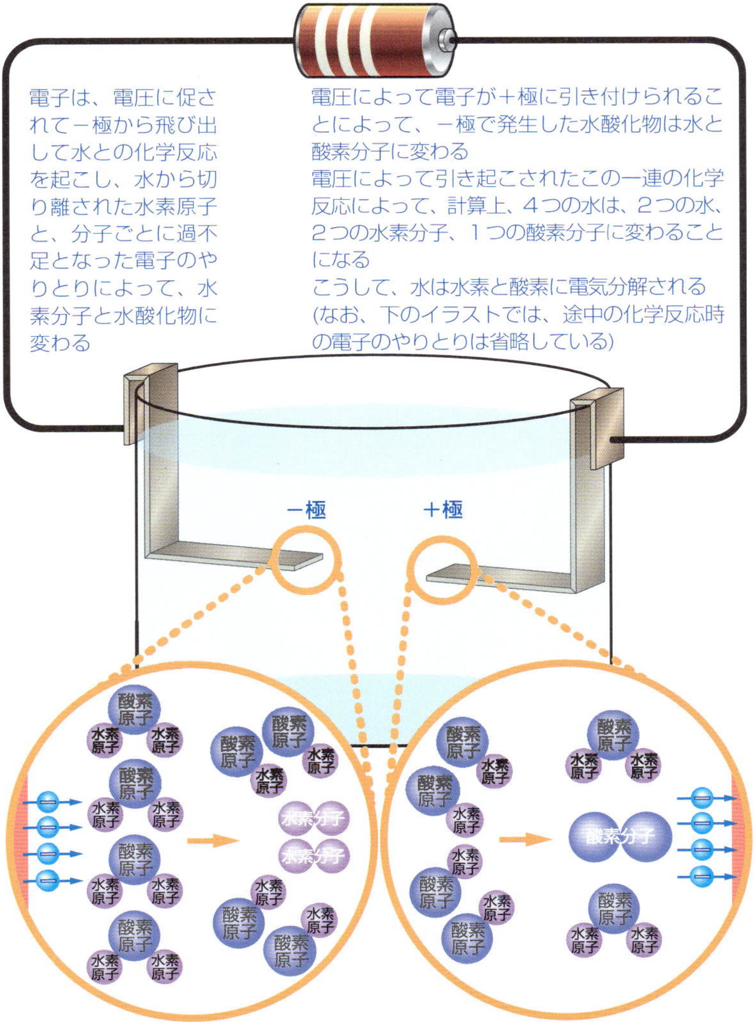
電子は、電圧に促されて－極から飛び出して水との化学反応を起こし、水から切り離された水素原子と、分子ごとに過不足となった電子のやりとりによって、水素分子と水酸化物に変わる
電圧によって電子が＋極に引き付けられることによって、－極で発生した水酸化物は水と酸素分子に変わる
電圧によって引き起こされたこの一連の化学反応によって、計算上、4つの水は、2つの水、2つの水素分子、1つの酸素分子に変わることになる
こうして、水は水素と酸素に電気分解される
(なお、下のイラストでは、途中の化学反応時の電子のやりとりは省略している)
－極
＋極
酸素原子
水素原子
水素分子
水素分子
酸素分子

電気の不思議 2−12

熱電効果の発見 ゼーベック効果とペルチェ効果

ボルタ電池の追求で生まれた熱と電気の関係！

■ 温度差が生む電圧　ゼーベック効果

ゼーベックは、ボルタ電池の２種類の金属の電位差のことを知り、ボルタ電池のような電解液は使わないで、直接電気を取り出せないかという研究をしていましたが、1821年、ビスマスと銅の板を使って温度差が電位差(電圧)を生むことを発見しました。熱を一定にすれば安定した電流を取り出せるこの方法は、その後の電気理論の構築に役立ちました。熱を電気に変換できるこの現象はゼーベック効果とよばれていて、現在でも温度センサーなどに使われています。

なお、ゼーベックは電流を流した導線が鉄粉を吸引することも発見しています。

【ゼーベック効果】

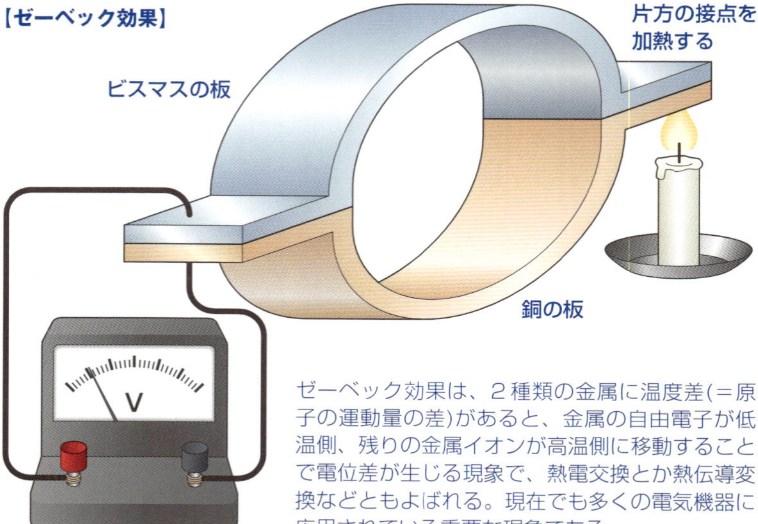

ゼーベック効果は、２種類の金属に温度差(＝原子の運動量の差)があると、金属の自由電子が低温側、残りの金属イオンが高温側に移動することで電位差が生じる現象で、熱電交換とか熱伝導変換などともよばれる。現在でも多くの電気機器に応用されている重要な現象である

■ 電流が温度差を生む　ペルチェ効果(ゼーベック効果の逆)

熱、電気、光、力など、いろいろなエネルギーには相互に関係があるのではないかということがわかってきた1834年、ペルチェは、ゼーベック効果の逆、電気で温度差(熱)をつくることのできる現象であるペルチェ効果を発見しました。

このペルチェ効果は、異なる種類の金属間または半導体間を2つの点で接合したものに電流を流すと、電流が熱を運んで片方が冷やされ片方が暖められるという現象です。発熱する化学反応や自然現象はいろいろありますが、吸熱(＝冷却)する化学反応や自然現象は意外と少なく、現在でも、ペルチェ効果は、コンピュータなどの電子部品の冷却装置や冷蔵庫などに盛んに応用されています。

【ペルチェ効果の原理】

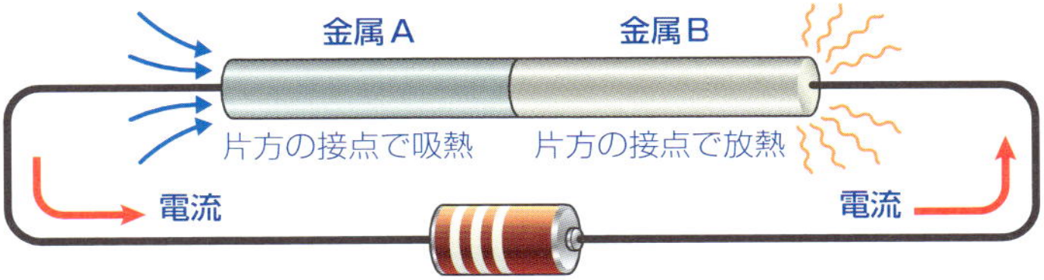
金属A
金属B
片方の接点で吸熱
片方の接点で放熱
電流
電流

【ペルチェ効果を高めたペルチェ素子の例】

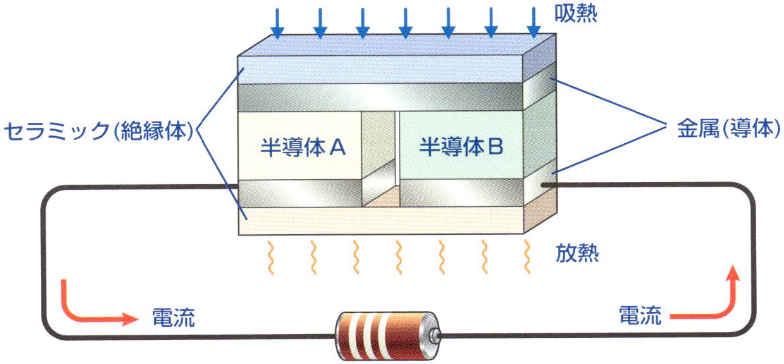
吸熱
セラミック(絶縁体)
半導体A
半導体B
金属(導体)
放熱
電流
電流

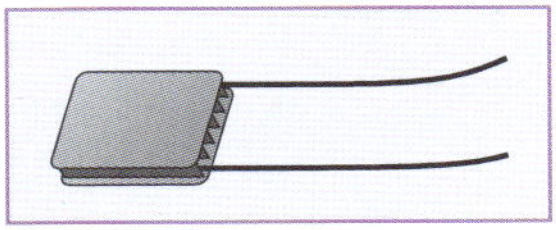

ペルチェ素子の製品例

電気の不思議 2－13

オームの法則とキルヒホッフの法則

オームの法則からキルヒホッフの法則へ！

■ オームの法則

抵抗を表す単位を[Ω](オーム)とよびますが、オームは1826年、電流の大きさが抵抗と反比例する関係について明らかにしました。第1章で紹介したオームの法則です(40ページ参照)。

最初はボルタ電池を使っていましたが、電圧が安定しなかったので、ゼーベック効果を使って一定の電圧を確保し、電流と抵抗の関係を式にしました。この研究はドイツ国内では評価されず、オームは不遇の人生を送りましたが、通信で先行するイギリスでは非常に重要視され、抵抗や電流の単位統一についてのきっかけとなりました。

【オームの法則】

電圧V＝電流I×抵抗R

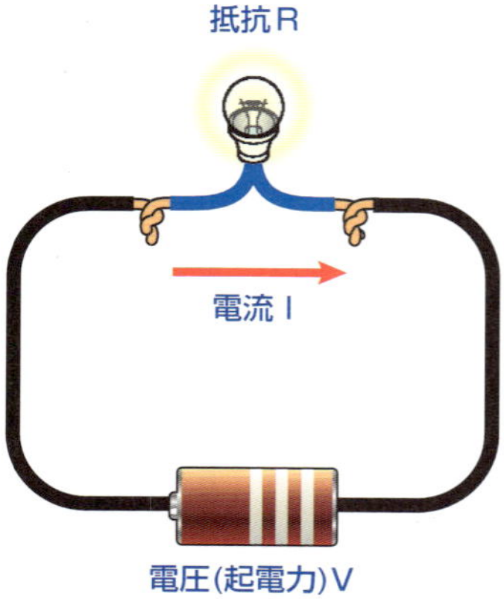

【キルヒホッフの法則】

第一法則(電流保存の法則)

例えば、右ページの回路の分岐点Aで

流れ込んでくる電流 I_1

流れ出していく電流 $I_2 + I_5$

には、以下の関係が成立する

$I_1 = I_2 + I_5$

これは他の分岐点B、C、Dでも同様

第二法則(電圧降下の法則)

閉じた回路内に注目すれば、消費した電圧(電圧降下)の和は起電力(電源の電圧)の和に等しい。例えば、右ページの回路の左半分に注目すれば

電圧降下 $(I_1 \times R_1) + (I_4 \times R_4)$

起電力 V_1

$(I_1 \times R_1) + (I_4 \times R_4) = V_1$

電流 I_5、I_6では抵抗がないので電圧降下はない

これは他の閉回路でも同様(この場合は全部で7通りの閉回路が考えられる)

■ キルヒホッフの電流の法則と電圧の法則

オームの法則の応用編ということで、時代を少し未来にスキップさせます。後述しますが、19世紀も後半になると、世界的な通信網が広がり、大陸間の海底ケーブルが敷設され、1対1の通信から、複数の通信路が入り組む巨大な通信網に成長していきます。そのため、電気回路の計算もどんどん複雑になっていき、その設計も困難になってしまいました。オームの法則だけでは手に負えなくなった電流計算を何とかしたのはキルヒホッフで、1845年のことです。

キルヒホッフのまとめた法則は、電流と電圧に関する2つの法則から成り立っています。第一法則は電流保存の法則ともよばれ、「電気回路のある点に流れ込む電流の和と流れ出す電流の和は同じ大きさである」というものです。第二法則は電圧降下の法則ともよばれ、「閉じた電気回路内の起電力(電圧を発生させる能力のこと。回路に電池が接続されているならばその電圧)の和と抵抗で消費される電圧(オームの法則：電流×抵抗)の和は等しい」というものです。

この2つの法則のセットでキルヒホッフの法則とよんでいます。これは電気回路理論の基礎となりました。

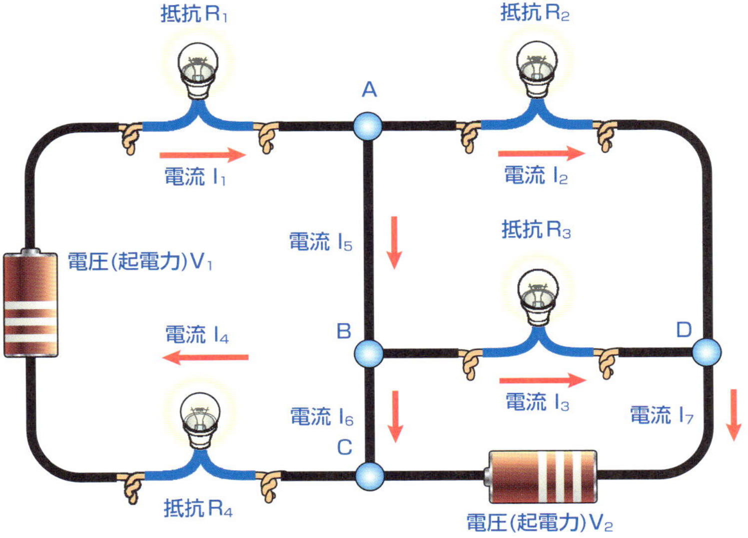

磁気と人類の関わり

正体不明だが古くから使われていた方位磁針！

■ 古代人と地磁気

ここで少し視点を変えるため、時代を遡ります。

第１章でお話ししたように、静電気とともに古くから知られていた自然現象の１つに磁気があります。紀元前の時代から、磁気を発する磁石が生活に利用されていたという記録が残されていますし、夜空の星(北極星、北斗七星、南十字星など)を頼りに正確な方位を求めていました。渡り鳥や伝書鳩は、脳内の磁石で地磁気を感じ、行き先を判断しているといわれています。磁石が南北方向を指すことも経験的に知っていて、10世紀以降になると、天然の磁石として知られていた磁鉄鉱を加工して方位磁針(コンパス)がつくられ、中国では羅針盤(印刷、火薬と並ぶ世界三大発明とされる)が発明され、天文学や数学や航海術などに盛んに使われました。

【磁鉄鉱の結晶体原石】

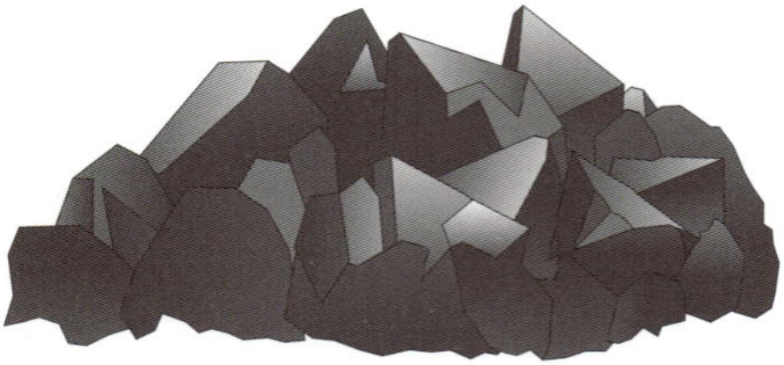

磁気に反応する天然鉱物の代表である磁鉄鉱は正八面体または正十二面体の結晶体で産出される。一般に知られている砂鉄は、この磁鉄鉱が風化･分解されてできたもの
磁鉄鉱のような磁性は鉱物を構成している元素(鉄･ニッケル･コバルトなど)の電子の数や配置が大きく関係している。この特性の解明が、電気と磁気の関わりを解き明かしていくことになる

【羅針盤】

強い磁性をもつ磁鉄鉱はロードストーンとよばれ、方位磁針(コンパス)や航海用の羅針盤に加工された
磁石の英語magnetは磁鉄鉱の英語magnetiteから付けられたといわれている

■ 地磁気と方位磁針(コンパス)

方位磁針(コンパス)は、磁化した鉄・ニッケル・コバルトなどの薄片を自由回転針にして、針が地磁気の南北を指す道具で、いつしか、地磁気の南を指す針がＳ極、地磁気の北を指す針がＮ極と決められました。

地球の地下深部(核)には、金属性物質(鉄やニッケルなど)の対流などに起因する強い磁性があり、これが地磁気の発生源とされています。北極には磁石のＳ極、南極には磁石のＮ極があり、あたかも地球の磁極軸上に棒磁石がささっているかのような状態になっていると考えられています。そのため、方位磁針のＮ極はＳ極である北極方向に引き付けられて北を指し、方位磁針のＳ極はＮ極である南極方向に引き付けられて南を指すのです。

ただし、正確には、地球の極点(北極点・南極点)と地磁気の極点(北磁極・南磁極)は、方位磁針の針の角度で、日本付近で東西に５～７°程度、外国の大きい地域で東西に10°以上ずれていて、かつ、磁極は長い年月をかけてゆっくりと回転移動を繰り返しています。

【地磁気の様子】

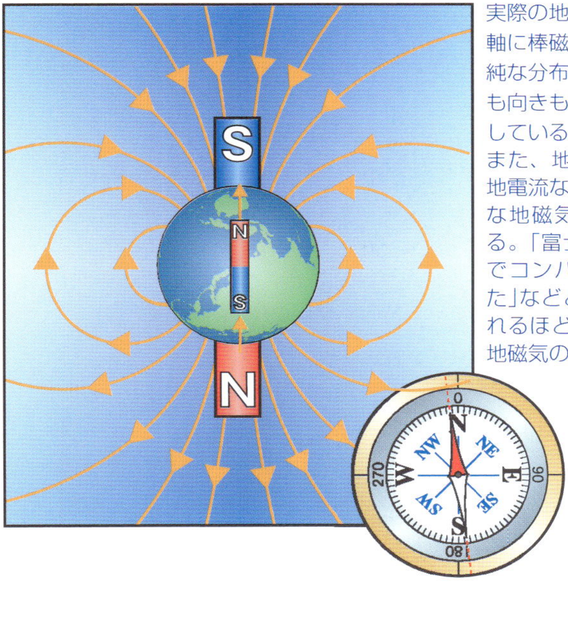

実際の地磁気は、地球の磁極軸に棒磁石を差したような単純な分布ではなく、位置も力も向きも微妙に変化を繰り返している

また、地下のマグマ・鉱物や地電流などの影響で、局所的な地磁気にはバラツキがある。「富士山の青木ヶ原樹海でコンパスがグルグル回った」などという誤認が報告されるほど、特に火山帯では、地磁気の動きは大きい

方位磁針(コンパス)の針は地磁気の磁力線に沿う方向に引き付けられる

磁気、磁力、磁石

磁石の不思議！

■ 磁力の正体

ところで、磁気とは何でしょう？　磁石とは、磁力とは何でしょう？磁石にはS極とN極があり、N極から外に出て、ぐるっと回ってS極に戻る曲線(磁力線)に沿った磁界が働くと定義されています。また、磁石と磁石の間では、異極どうしは引き合い、同極どうしは反発します。間に空間や他の物体があっても、磁力は働きます。これが電気のクーロンの法則と同じ性質の現象であることもわかりました。

ところで磁石の内部はどうなっているのでしょう？　磁石を折り、またそれを折り･･･という実験をすると、磁石をいくら細かく分解してもそれぞれがS極とN極をもつ別の磁石になることがわかります。このことから、磁石は無限に小さい磁石がS極とN極で規則正しく整列したものであることが想像されます。

この無限に小さい磁石のことを分子磁石または磁区とよび、その大きさは原子レベルに近いことがわかってきています。では、分子磁石とは何で

【磁界の向きと磁力線の定義】

磁石のN極から出てS極に入る向きに磁界が働き磁力線があると定義する

棒磁石の磁界

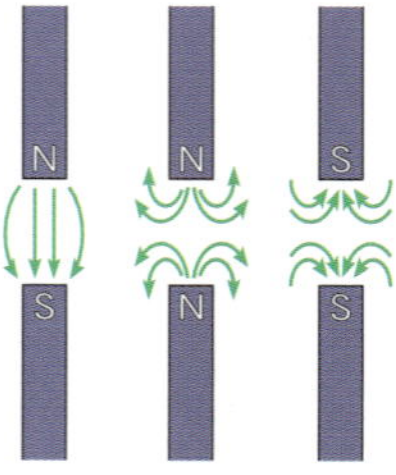

棒磁石間の磁界

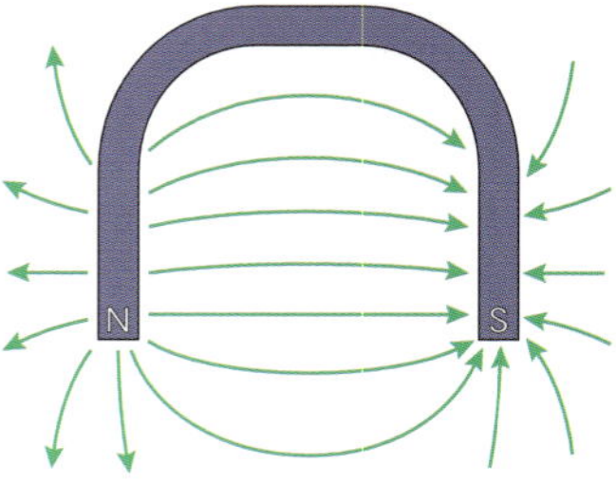

馬蹄形磁石の磁界

しょう？　実は、電子は自由電子という状態で移動できる以外に、原子核の周囲を公転したり自分自身で自転(スピン)したりすることもできます。

そして、電子の移動である電流が磁界を発生させるかのごとく、電子の公転や自転も磁界を発生させているのです。

「磁気の源は電子の運動によるエネルギーの受け渡し現象であって、電気の素が電子であるような磁気の素はない。よって、磁気のSとNをそれぞれ独立させることはできない。必ず対で存在する」という理論の裏付けなのです。

鉄·ニッケル·コバルトなどのごく一部の金属は、原子の構造上、分子磁石をもちやすく、磁石になりやすい性質をもっていますし、他の磁石にもよく反応します。

このような物質を強磁性体といいますが、磁化して長い年月を経てもその磁力が変わらない強磁性体を永久磁石といいます。

一般に磁石といえば、この永久磁石のことを指します。皆さんは、鉄の釘を磁石でこすると、しばらくの間、弱いながらも磁石になるという経験があると思いますが、強磁性体の鉄ならではの変化です。

同じ金属類でも、銅やアルミニウムが、磁石にならず、磁石にも反応しないのは不思議ですが、これらの物質は、原子の構造上、内部に分子磁石をつくりにくい非磁性体だからです。

【磁力と磁石】

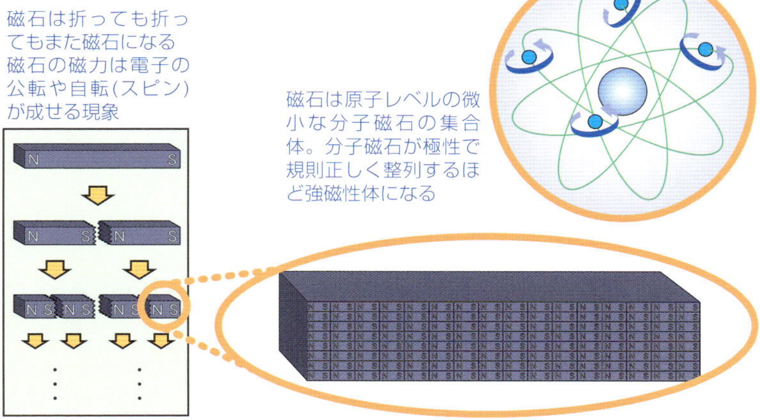
磁石は折っても折ってもまた磁石になる
磁石の磁力は電子の公転や自転(スピン)が成せる現象
N
S
磁石は原子レベルの微小な分子磁石の集合体。分子磁石が極性で規則正しく整列するほど強磁性体になる

電気の不思議 2－16
電気と磁気の関係の発見 コイル

電気と磁気は関係があった！

■ エルステッドによる電流と磁気の関係の発見

話しを再び電磁気学の歴史に戻しましょう。ボルタ電池、ゼーベック効果と、電池の研究や改良が進んで連続して電流を流すことができるようになってきたことで、電気の実験も盛んになっていた時代です。

1820年、エルステッドは、方位磁針(コンパス)のそばで電流を流すと方位磁針の針が振れることを発見し、電気と磁界の関係解明の端緒をつくりました。

直後シュワイガーは、導線を何重にも巻き付けて電流を流し、その上に方位磁針(コンパス)を置くことで、針の振れを大きくする試みを行ってい

【エルステッドの発見】

電流は磁界を生じる

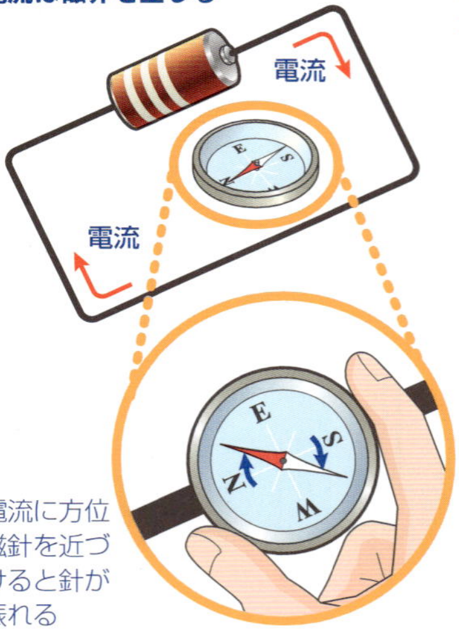

電流に方位磁針を近づけると針が振れる

【シュワイガーの原型コイル】

電流を強くする目的でコイルが誕生

直線電流よりも針が大きく振れる

ます。これはコイルの原型であり、世界初のコイルの誕生ともいえます。

同じ頃、ポッケンドルフは、導線を何重にも巻き付けた中に方位磁針を入れ、電流計の原型なるものを(強弱を比べる程度の精度)をつくりました。

■ コイル

コイルは英語で「coil」と書き、「ぐるぐる巻き」という意味ですが、電磁気学ではインダクタ(inductor＝誘導器)とよぶこともあります。

コイルは、その用途に応じて、円筒状の内部を金属や非磁性体で満たしたものや、蚊取線香のような平面状の渦巻型など、さまざまなバリエーションがあります。

詳しくは86ページでお話ししますが、コイルは、直流電流に対しては単なる導線にすぎませんが、電圧すなわち電流の大きさや向きが変化する交流電流に対しては自己誘導現象による妨害電圧(誘導起電力)が発生するため、抵抗と同じような特性を持ちます。これを、交流電流に対するコイルのインダクタンスといいます。

コイル自身の自己誘導現象の誘導起電力や、変圧器(トランス)に応用されている誘導コイルのように、交流電源回路につないだコイルのそばに置いた別の二次コイルに発生する相互誘導現象の誘導起電力の大きさは、コイルの材質や導線の巻数によって異なり、誘導起電力の発生のしやすさしにくさを表す単位がインダクタンスなのです。自己誘導では自己インダクタンス、相互誘導では相互インダクタンスといいます。

【コイルの種類】

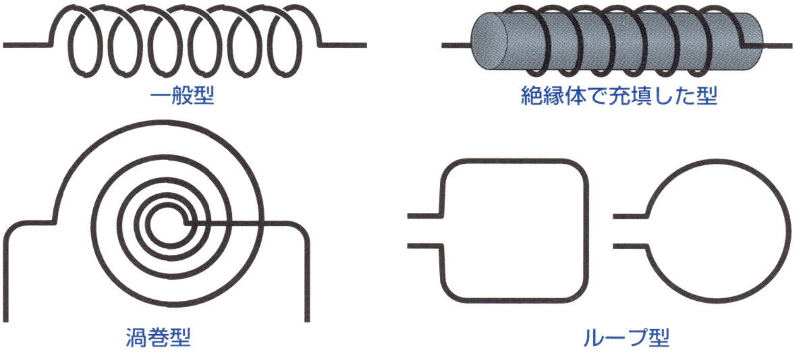

電気の不思議 2－17

アンペールの右ねじの法則

電流が磁界をつくった！

■ 多くの新発見に寄与することになる右ねじの法則

エルステッドやシュワイガーの発見を追究していたアンペールは、1820年、直線電流の周囲には決まった向きで円形磁界が発生しているということに気が付きました。そこでアンペールは、電池をつないだ2つの回路を用意し、それぞれの回路の導線を平行に間隔を空けて並べ、両者の導線の間に方位磁針を置き、同じ向きの電流を流したり、反対向きの電流を流したり、流す電流の強さを変えたりして、針の振れ方の違いを計測しました。この実験結果から、アンペールは、電流がつくる磁界の様子を数学的に説明したアンペールの法則(右ねじの法則)をまとめました。

アンペールの右ねじの法則は、電流が流れると磁界が発生するという現象を世に知らしめ、その後の電磁気学の発展に大きく寄与することになります。その後、アンペールの功績を讃えて、彼の名が電流の単位であるアンペア[A]に採用されることになりました。

【アンペールの右ねじの法則】

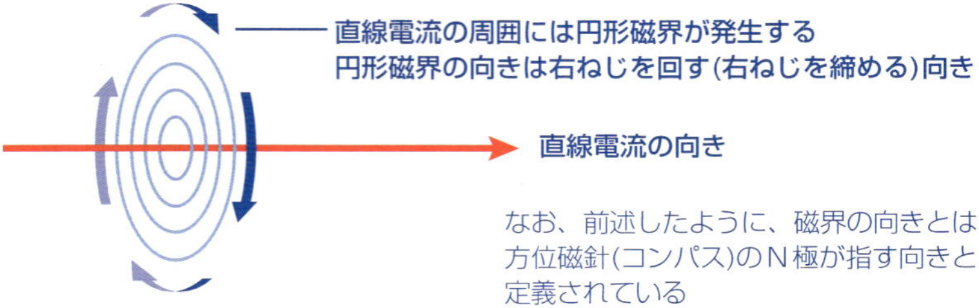

なお、前述したように、磁界の向きとは方位磁針(コンパス)のN極が指す向きと定義されている

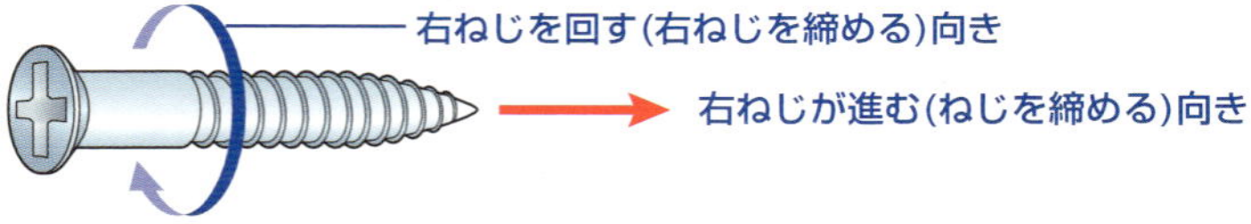

【アンペールの右ねじの法則の逆　円形電流】

金属の導線を円筒形の螺旋巻きコイルにして円形電流を流すと、円筒の中心軸線にあたる位置に直線磁界が生じる
この直線磁界の向きは、右ねじの法則の電流と磁界を入れ換えれば、右ねじを回す(右ねじを締める)向きとなる。螺旋巻きコイルを拡大すれば直線電流と見なせるので、下のイラストのように、螺旋巻きコイルの各点では右ねじの法則に従っていることがわかる

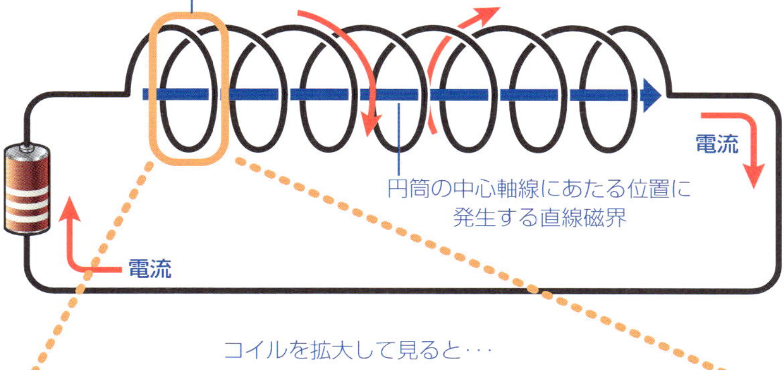
電流
円筒の中心軸線にあたる位置に
発生する直線磁界
電流
コイルを拡大して見ると･･･

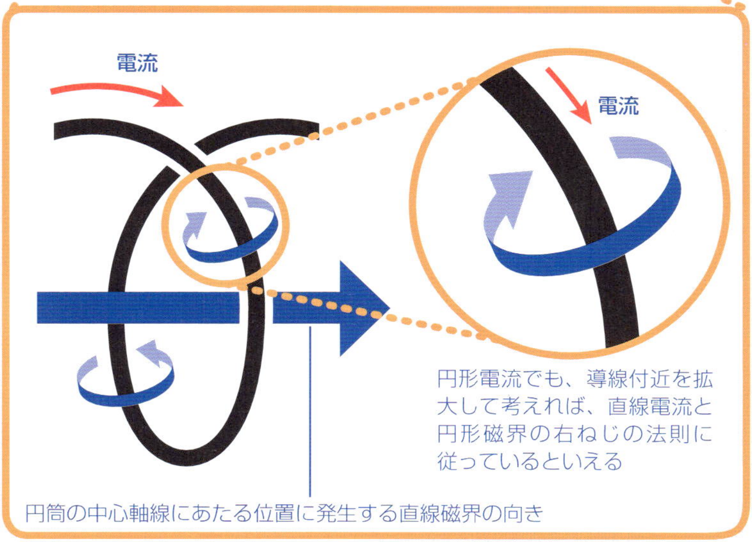
電流
電流
円形電流でも、導線付近を拡大して考えれば、直線電流と円形磁界の右ねじの法則に従っているといえる
円筒の中心軸線にあたる位置に発生する直線磁界の向き

スタージョンの電磁石 ファラデーの電磁誘導

磁界の変化が電流をつくった！

■ ビオ・サバールの法則、アラゴの円盤、スタージョンの電磁石

発見ラッシュが続く1820年には、ビオとサバールが、アンペールの法則をもとに、電流の周囲にできる磁界の大きさを厳密に数式化したビオ・サバールの法則をまとめます。ビオ・サバールの法則の関係は、先のクーロンの法則の考え方とも完全に合致し、右ねじの法則を立証し、静電気と磁気の類似性を確固たるものにさせる見事な論文でした。

1824年、アラゴは、銅などの磁力の働かない円盤を回すと、上に吊した棒磁石も回転するという現象を発見しました。これは、電磁誘導現象発見のきっかけとなったもので、「アラゴの円盤」として有名になります。

1825年、スタージョンは、右ねじの法則にヒントを得て、馬蹄形の鉄棒に金属線を巻き付けた形状のコイルをつくり、電流を流すことで鉄棒の両端を磁極とする磁気を発生させました。これが世界で最初の電磁石です。

その後、ヘンリーらによって改良が加えられ、強力な電磁石コイルが実用化されていきます。

【アラゴの円盤】

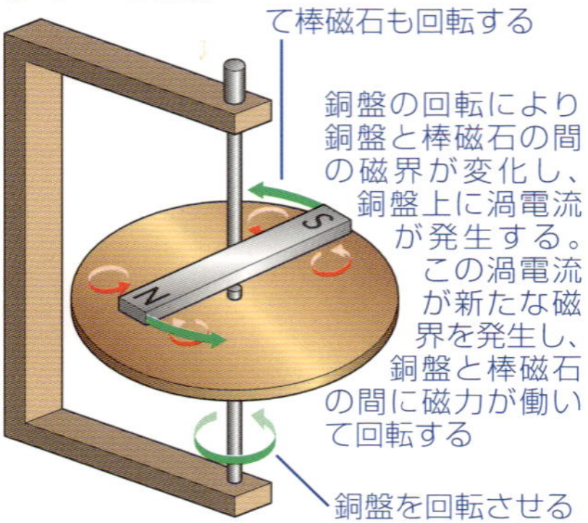
銅盤の回転に少し遅れて棒磁石も回転する
銅盤の回転により銅盤と棒磁石の間の磁界が変化し、銅盤上に渦電流が発生する。この渦電流が新たな磁界を発生し、銅盤と棒磁石の間に磁力が働いて回転する
銅盤を回転させる

【スタージョンの電磁石】

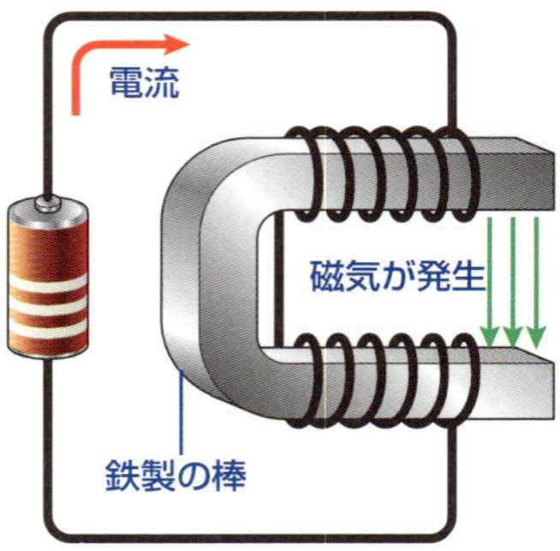

電源には大量のボルタ電池を使用

■ ファラデーの電磁誘導

電気と磁気が深い関係にあることがわかると、力を電気に変える研究が進みます。そして、電流を流すと磁気が発生する現象の逆、つまり磁気を使って電流をつくれないかと考える人たちが出てきます。

ファラデーの研究は測定器が揃っていない時代だったので難航しましたが、アラゴの円盤の装置をヒントにして実験を重ねているうち、1831年、コイルに棒磁石を出し入れする時だけ電流が発生することを発見しました。電磁誘導現象の発見の瞬間です。

実は、電磁誘導現象の最初の発見者はヘンリーなのですが、金属の周辺で磁界を変化させると金属に誘導電流が流れるという現象を科学的に説明して、論文として公式発表したのはファラデーの方が先だったのです。しかしヘンリーはめげることなく、翌1832年、同じ電磁誘導現象である自己誘導(次ページ参照)の発見者となります。

いずれにしても、後の電磁気学の発展に多大な貢献をする電磁誘導の発見は世紀の発見といえます。19世紀前半に次々と発見された電気と磁気が振る舞う現象は、電気の不思議の世界を次第に紐解いていくことになるのです。

【電磁誘導】

閉じた回路にあるコイルに棒磁石を入れていく間だけ
コイルに電流が流れる

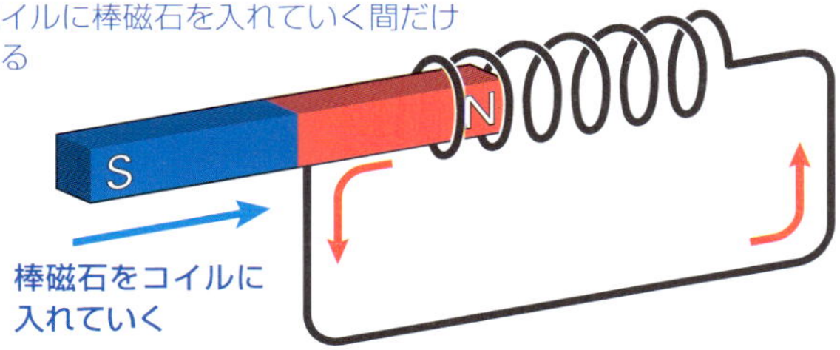
S
N
棒磁石をコイルに
入れていく

閉じた回路にあるコイルから棒磁石を
出していく間だけ逆向きの電流が流れる

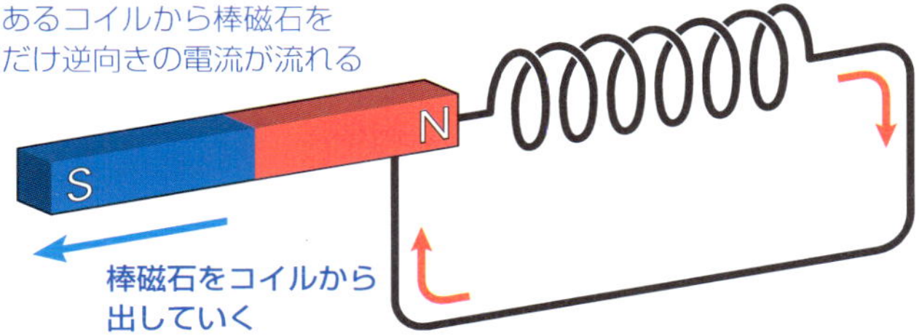
S
N
棒磁石をコイルから
出していく

自己誘導と相互誘導 ヘンリーとレンツの活躍

電流と磁界の関係が明らかになった！

■ 自己誘導

電磁誘導現象の研究でコイルに電流を流したり切ったりする実験を行っていたヘンリーは、コイルに流す電流の他に、コイル自身が小さい電流をつくっていることに気が付きます。

これは自己誘導とよばれ、コイルに電流を流し始めたり、電流を切った時にだけ一瞬観測される現象で、ヘンリーは、ファラデーが発見した電磁誘導と同じ原理による現象であることを説明しています。

■ レンツの法則

レンツは、自己誘導の発生メカニズムをレンツの法則で推論しました。

【自己誘導】 スイッチを入れると右ねじの法則でコイルに磁界が発生する。コイルは増えた磁気を打ち消す逆向きの磁界をつくるために電流を発生させる

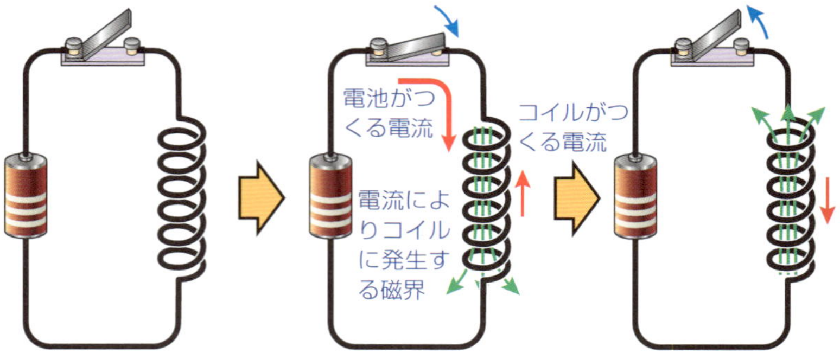

上図の回路で、スイッチを入れて電流を流すと、コイルには電池からの電流と逆向きの電流が一瞬流れる。スイッチを切って電流を止めると、コイルには右上図の向きの電流が一瞬流れる。これらの現象は、電流の変化により磁界が変化するのを嫌ってコイルが引き起こす誘導起電力の振る舞いで、電磁誘導と同じ原理

コイルに電流が流れ始めたり切れたりする時は、電流が変化している時です。右ねじの法則により、電流が変化すれば発生する磁界の様子も変化するはずです。

コイルは、この磁界の変化を嫌って、磁界の変化を妨げるために、逆向きの磁界が発生するような電流を発生させます。電流が増え始めたら減らすために、電流が減り始めたら増やすために、電流を流して磁界をつくるのです。レンツは、この妨害電流を流す力のことを誘導起電力と命名しています。

■ 相互誘導

自己誘導の実験回路の横にコイルだけをつないだ回路を置いて電流を流すと、横に置いたコイルにも電流が流れます。これが相互誘導で、やはりファラデーが発見しています。

ファラデーはこの後で、前述したコイルに棒磁石を出し入れする実験を行って、電磁誘導の現象を解明したようです。

自己誘導と相互誘導の発見によって、電気と磁気の関係がより密接になり、後々、交流電源が一般化していく過程でも大いに役立っていくことになります。

【相互誘導】

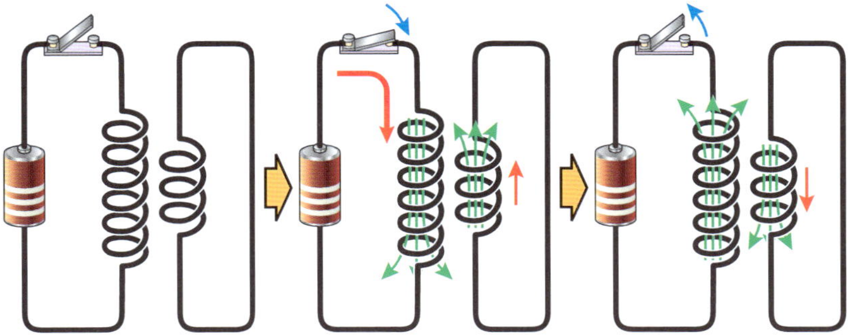

自己誘導と同じ原理で、近くに置いた別のコイルにも電流が発生する。この相互誘導により、近くに置くコイルの巻数(発生磁界の強さ)を変えることで、別の回路に異なる電圧を発生させることができる。これは19世紀末にゴラールやギブスらがほぼ完成させた変圧器(トランス)の原理となった

電気の不思議 2－20

フレミングの法則

電磁気と力の複雑な関係を整理した便利な法則！

■ フレミングの左手の法則と右手の法則

1895年、フレミングが、学生に発電機や電動機の原理を解説するために考えたのが電流、磁界、力のベクトル関係を表すフレミングの法則です。フレミングの法則は、電気と磁気の関係を整理するのにわかりやすく、この後に登場する発電機と電動機の原理に関係する法則なので、時代が大きくスキップしますがここで紹介しましょう。

フレミングの法則には右手の法則と左手の法則がありますが、フレミングの法則として特に使い分けていない場合は、普通、左手の法則を指します。左手の法則は、磁界で電流を流した時、電流(導線)には力が働き、その向きは左手の中指･人指し指･親指(中指から順に「電･磁･力」と覚える)を互いに直交させた時の関係になるという法則です。電流が流れると右ねじの法則で周囲に円形磁界が発生するので、この円形磁界と、もともとあっ

【左手の法則】

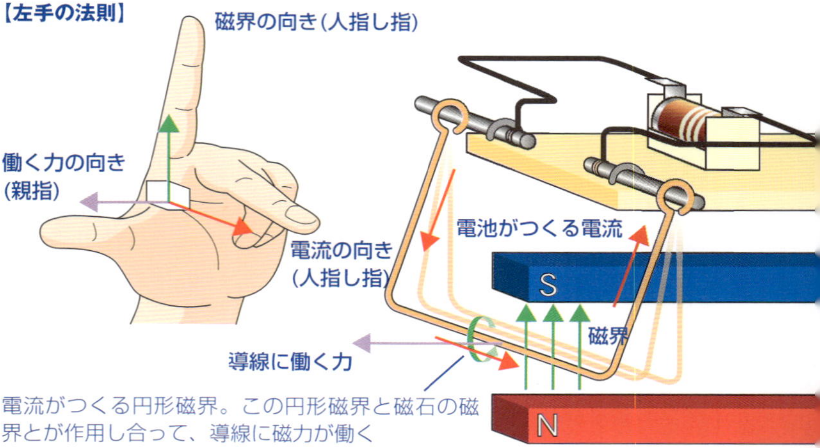
磁界の向き(人指し指)
働く力の向き
(親指)
電流の向き
(人指し指)
電池がつくる電流
S
磁界
導線に働く力
電流がつくる円形磁界。この円形磁界と磁石の磁界とが作用し合って、導線に磁力が働く
N

た磁石の磁界が作用し合って、電流(導線)には磁力が働くのです。この法則は、後の電動機(モーター)の動作原理に結びつきます。

一方、右手の法則は、逆に、磁界の中にある導線(金属)を動かした時、導線(金属)には電流が発生し、その向きは、右手の中指·人指し指·親指(中指から順に「電·磁·力」と覚える)を互いに直交させた時の関係になるという法則です。この法則は、まさにファラデーが行ったコイルに棒磁石を出し入れする電磁誘導の実験と本質的に同じものです。ファラデーの実験では、導線(コイル)を固定して磁界を動かしたので逆ですが、磁界と導線(金属)が相対的に動いて変化するという意味で同じ関係です。磁界と導体を相対的に動かすことで導体に電流を発生させ、その電流がつくる磁界ともともとあった磁石の磁界が作用し合って、力が生み出されるという何とも不思議な現象は、今日の多くの電気機器の発明に結びついています。

ここまで、電気と磁気に関する多くの発見について紹介してきました。そこで、最後に、フレミングの法則を用いて電気と磁気の関係をまとめましょう。「電流は磁界をつくる。磁界の変化は電流をつくる。磁界中で電流を流すと、もともとあった磁界と電流がつくる磁界との間で磁力が作用し合う」ということになります。前述したアラゴの円盤もフレミングの法則で説明できます。フレミングの法則は、電気と磁気の関係の集大成といえるでしょう。

【右手の法則】

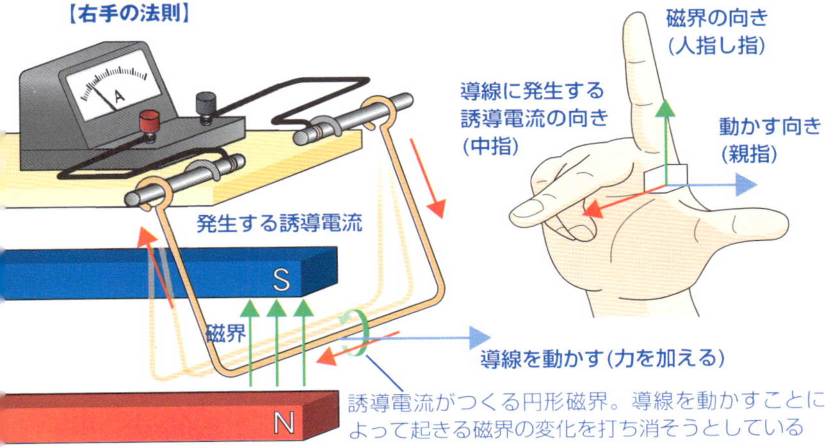
A
発生する誘導電流
S
磁界
N
導線を動かす(力を加える)
誘導電流がつくる円形磁界。導線を動かすことによって起きる磁界の変化を打ち消そうとしている
磁界の向き
(人指し指)
導線に発生する
誘導電流の向き
(中指)
動かす向き
(親指)

発電機の発明

蒸気機関から発電機・電動機へ！

■ 発電機と電動機の時代

さて、欧米での産業革命の勢いが増した19世紀は、動力源として蒸気機関が全盛の時代で、世間では電磁気の秘めたる力にほとんど無関心だったようです。

しかし、ファラデーの電磁誘導の発見を契機にして、力(運動)を電気に変える機械(発電機＝ダイナモ、オルタネータ、ジェネレータなどとよぶ)と、電気を力に変える機械(電動機＝電気モーター)の開発ラッシュが始まります。

また、ボルタ電池を数百から時には数千も連結しなければならなかった電磁気の世界が、発電機という新たな電源の登場でその非効率さから解放されていきます。発電機や電動機は、電磁気の研究はもちろんのこと、産

【ファラデーの発電実験】

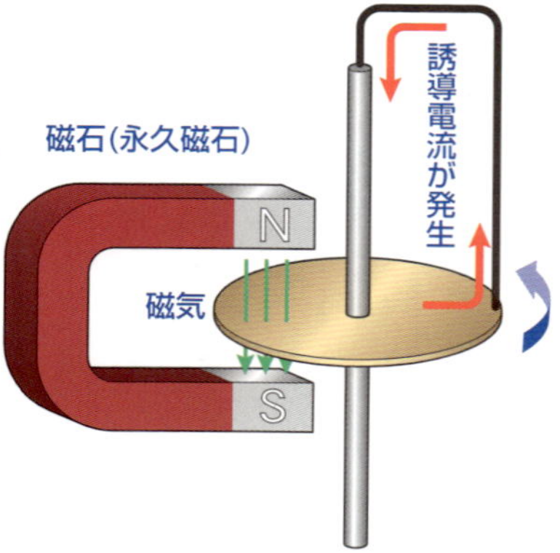
磁石(永久磁石)
N
S
磁気
誘導電流が発生

磁界に入れた金属円盤を回転させると、磁界の変化により円盤に誘導電流が発生し、図のように導線でつなぐと電流が流れる

【ピクシーの発電機】

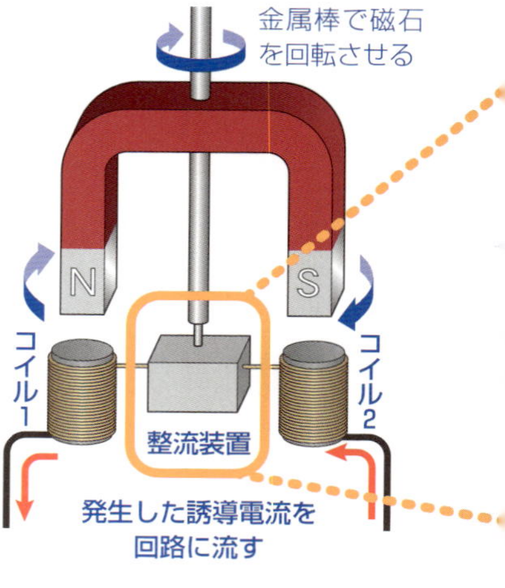
金属棒で磁石を回転させる
N
S
コイル1
コイル2
整流装置
発生した誘導電流を回路に流す

業用·民生用を問わず、基本的な実用機器として人類に多大な貢献をもたらすことになります。

19世紀中頃には、ファラデー、ピクシー、ダベンポート、デビッドソン、クラーク、バロー、ページ、グラム、テスラ、パチノッティら、数多くの科学者や技術者によって、さまざまなタイプの発電機や電動機が改良されていきましたが、信頼できる本格的な機器が完成するまでには、どれも、ファラデーの電磁誘導の原理の発見から50年近くかかりました。

■ 発電機の発明

ヘンリーやレンツやファラデーは、電磁誘導のメカニズムを研究するなかで、アラゴの円盤にヒントを得た馬蹄形の磁石(永久磁石)に挿入した金属円盤を回転させて電流を発生させる発電機の原型になる実験装置をつくっていますが、ピクシーはそれらを改良し、世界初とされる実用的な発電機を開発しました。

今日でも、発電機の基本構造は、永久磁石とコイルを相対的に回転させることで、電磁誘導の原理により電流を発生させるという、ピクシーがつくった発電装置と同じものになっています。

【整流装置の工夫】

誘導電流は磁石の半回転(180°)ごとに向きが逆転する。これを一定にするため、回転軸にカム装置を取り付け、半回転ごとにコイルと回路の＋－接点が切り替わるよう工夫した(改良を重ねていたので実際とは少し異なる)

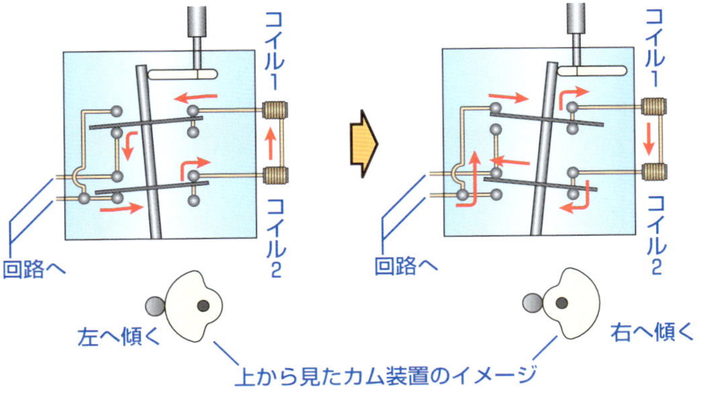
コイル1
コイル2
回路へ
左へ傾く
コイル1
コイル2
回路へ
右へ傾く
上から見たカム装置のイメージ

電動機(電気モーター)の発明

発電機と同時進行で開発された電動機！

■ 電動機の発明

ファラデーは、電磁誘導の研究や発電機の実験と前後して、電動機(電気モーター)の実験も盛んに試みています。

1821年頃、水銀の特性を巧みに利用した電動機の原型ともいえる装置をつくりあげました。この装置は、確かに電動機の原型ともいえるものでしたが、発生する力が弱かったこともあり、当初は、電気を利用して力を生み出すというエネルギー変換の価値の重要性に気が付く人は、ほとんどいなかったのです。

実用的な電動機の開発に成功したのはダベンポートで、1834年頃のこ

【ファラデーの回転棒による電動機の実験】

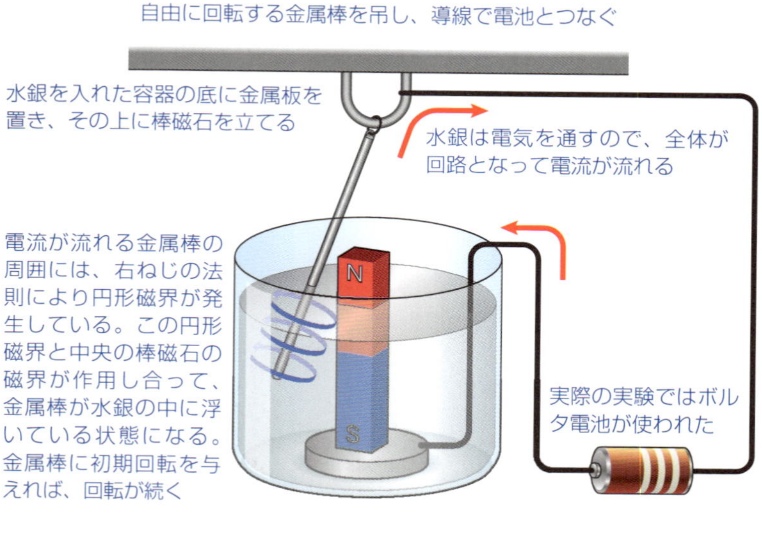
自由に回転する金属棒を吊し、導線で電池とつなぐ
水銀を入れた容器の底に金属板を置き、その上に棒磁石を立てる
水銀は電気を通すので、全体が回路となって電流が流れる
N
S
電流が流れる金属棒の周囲には、右ねじの法則により円形磁界が発生している。この円形磁界と中央の棒磁石の磁界が作用し合って、金属棒が水銀の中に浮いている状態になる。金属棒に初期回転を与えれば、回転が続く
実際の実験ではボルタ電池が使われた

とです。

　ダベンポートの電動機は、電磁石コイルを２つ組み合わせ、磁石どうしの引力と反発力を利用して回転を継続させるという原理でつくられており、今日の直流電動機にも活かされています。

　前述したピクシーの発電機の整流装置のように、磁石の半回転ごとに電流の向きを逆転させる機構に巧みな工夫を施すことで、直流電動機の実用化に道を開きました。

【ダベンポートの電動機】

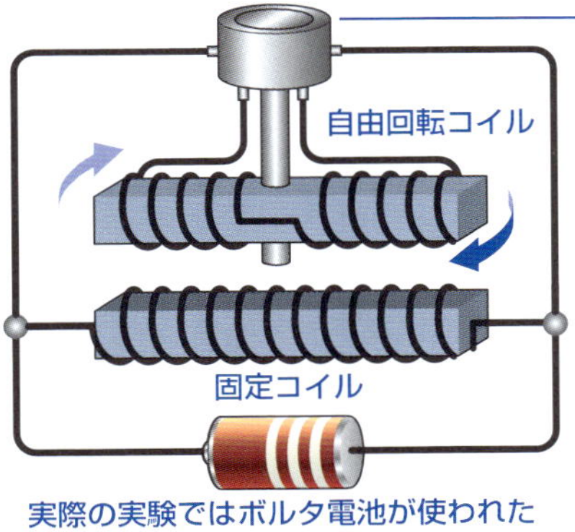
上側の電磁石が180°回転するごとに接点が切り替わり、電流の向きが逆転するようにした

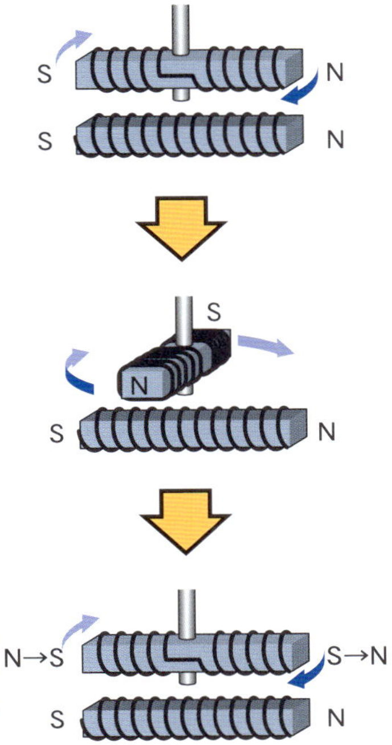

〈右上図〉
電流を流し電磁石となったコイルのうち、上側のコイルを動かして初期回転を与える２つのコイルは反発して離れようとするので、回転運動が続く

〈右中図〉
２つのコイルが直交する位置関係になるとコイルの異なる磁極が引き付け合うようになるので、回転運動が続く

〈右下図〉
上側のコイルが半回転(180°)すると止まってしまうが、この瞬間に接点が切り替わって電流の向きが逆転するので、磁極が再び一致して反発力で離れようとして回転運動が続く

電気の不思議 2−23

エジソンの直流電力

白熱電球、直流発電機、そして直流発電所！

■エジソンの白熱電球

19世紀初頭は工業化が進み、工場の操業時間を延ばすことが利益に直結しました。しかし、動力源では蒸気機関、照明ではガス灯が、すでに市場をつくっており、後発の電気照明は苦戦を強いられました。

1820年頃には炭素白熱電球の開発が始まりましたが、実用的な電球の製造には電気抵抗を減らすためにガラス球内を真空にする高性能の真空ポンプや電球の発光部分に使う電極の導線であるフィラメントの好適素材が必要でした。当初は、木綿の布を炭化させたものを電極に使って放電させる放電灯であるアーク灯がつくられましたが、構造が複雑なうえ、短命で使いものにならず、エジソンの炭素白熱電球も寿命が40時間程度しかなく、ガス灯に比べて暗かったため普及しませんでした。

【デービーのアーク灯】
電極に炭化綿、電源に数千個のボルタ電池を使用

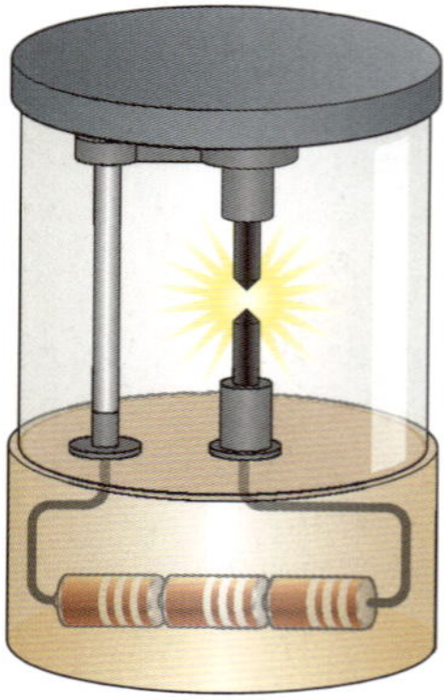

【エジソンの白熱電球】
フィラメントに炭化竹、電源に自作の発電機を使用

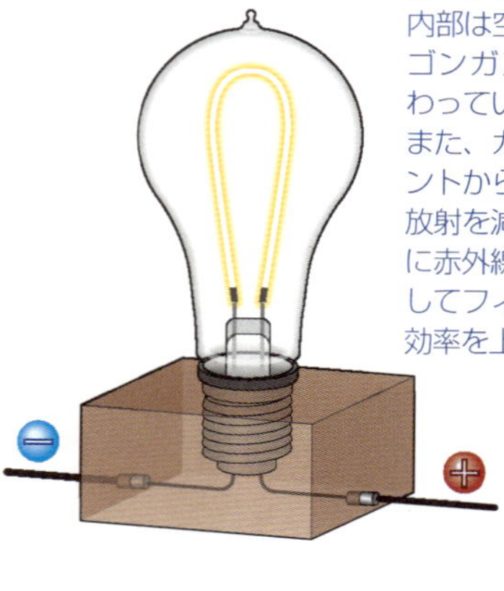

白熱電球の改良は進み、フィラメントは白金→炭素→タングステン、電球内部は空気→真空→アルゴンガス封入へ切り替わっていく
また、ガラスはフィラメントからの無駄な赤外線放射を減らすため、内側に赤外線放射物質を塗布してフィラメントの発光効率を上げていった

■ エジソンの直流発電機と直流発電所

エジソンは19世紀末に炭素白熱電球の寿命を40時間から一気に600時間へ延ばすことに成功し、白熱電球が照明の主役を担う時代が訪れたのです。この時の電球のフィラメントには、京都産の竹を炭化させて使用したということは、京都の人の間では有名な話しです。

しかし、この白熱電球を売るには、現在の電力会社のような大がかりなシステムが必要で、発電所、送電線、スイッチ、電球のソケット、電力量計など、さまざまな設備や機器が急ピッチで開発されていきます。

1882年、エジソン率いるエレクトリックライトカンパニー社とその傘下の会社が、それぞれ米英で石炭火力でつくった高温高圧の水蒸気で蒸気タービン(タービンとは気体や液体の圧力を機械的な回転運動に変換する機器)を回し、それにつないだ大型発電機で発電する発電事業の操業を開始し、白熱電球用の商用電源を供給しました。

故障続きでしたが、白熱電球はガス灯よりも安い価格設定のため、送電事業は順調に顧客数を伸ばし、1890年にはニューヨークに白熱電球工場も開設しました。当時は直流100[V]を使っていましたが、遠くへ行くほど電圧が下がる直流電圧降下の特性から、送電線に第3の中性線を増設して単相三線式に移行していきます。

【エジソンの直流発電所の一例(大型直流発電機の設置)】

電気の不思議 2－24

テスラの交流電力

総合力で優位となっていく交流電力！

■ テスラの交流電動機と交流発電機

ピクシーの発電機の開発からしばらくの間は、発電した電流の向きが一定周期で逆転するのを問題視していたため、わざわざ複雑な整流装置をつくって、交流電源を直流電源(直流といっても、向きは一方向だが電圧は上昇·下降を繰り返す脈流)に変換していましたが、交流電力の利用価値や交流電力の利点に気が付いたジーメンス、ゴードン、スタンレイ、テスラらによって、交流の発電機や電動機も続々とつくられていきます。

1882年テスラは、2つの交流電源につないだ電磁石コイルを90°ずらして配置し、電圧をかけるタイミングも電圧の波形の位相のずれ90°＝1/4周期ずらすことで、発生する磁界が回転する装置を開発しました。これから、交流電源が思わぬ効果を生み、回転磁界が電動機の動力として利用できることなど、交流電力の利点が評価されるようになりました。

【回転磁界のアイデアから生まれた交流電動機の原理】

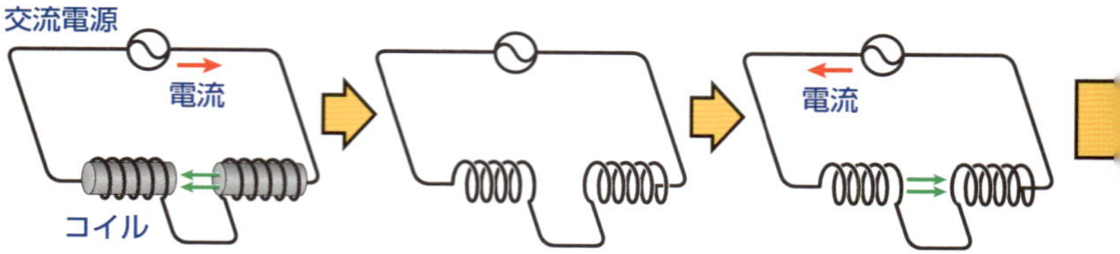

2つのコイルを向かい合わせて交流電圧をかけると、コイルは電磁石となり、コイル間に磁界が発生する

交流電圧の周期変化によって電流が0になる瞬間は、磁界がなくなる

交流電圧の周期変化によって電流の向きが逆になると、コイル間の磁界の向きも逆になる

この回路を2つ用意して右ページのように直交させて組み合わせ、2つの回路に交流電圧をかけるタイミングを1/4周期ずらすと···

テスラは3つの交流電源につないだ電磁石コイルを120°ずらして配置する三相交流実験で、回転磁界の威力を増すことにも成功し、この原理を利用して三相交流発電機の開発にも成功します。これが現在の主流の三相交流の本格的な運用の幕開けとなりました。テスラの開発した回転磁界は、今日の製品にも活かされています。

■ 直流電力から交流電力へ

狭い近隣地域への供給から始まった電力供給事業は、当初、エジソンらの直流発電·送電が優勢でした。しかし、直流は電圧が下がっても簡単には上げられない欠点があります。対して交流は、変圧器(トランス)を使って電圧を比較的簡単に上げ下げできる利点があります。

ここで、エジソンおよびエレクトリックライトカンパニー社に代表される直流派と、テスラおよびウェスチングハウス社に代表される交流派の主導権争いが起こります。エジソンが直流発電所をたくさんつくった頃、質の良い交流発電機はまだ開発途中でしたが、テスラらによって発電機、変圧器、ケーブルなどの改良が次々と進むにつれ、交流電力が次第に有利な状況となっていきます。ウェスチングハウス社は、1892年、交流技術で進んでいたトムソンヒューストンカンパニー社と合併し、現在のゼネラルエレクトリック(GE)社となり躍進します。

2つのコイルがそれぞれつくる磁界の変化を合成した磁界は回転する。この回転磁界の中に自由回転する棒磁石を置けば、棒磁石は回転し、電動機となりうる

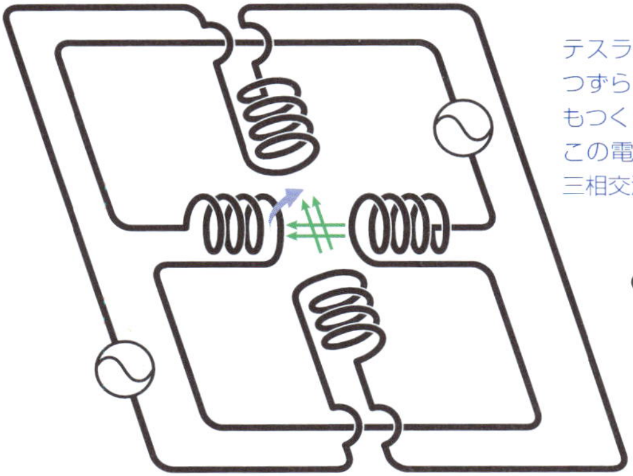

テスラは3つのコイルを120°ずつずらして組み合わせる交流電動機もつくった。これが三相交流であるこの電動機を逆に利用することで、三相交流発電機も容易につくれた

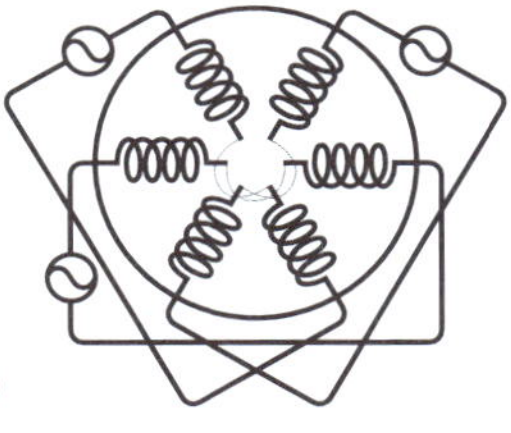

発電機と電動機のその後

発電機と電動機の基本原理は昔のまま！

■ 発電機と電動機(電気モーター)の改良

19世紀末に発明された発電機や電動機(電気モーター)は、その後に開発された技術を統合しつつ、改良が重ねられ、今日ではさまざまなタイプの製品が実用化されています。しかし、その基本的な原理は変わっていません。

多くの発電機や電動機は、永久磁石または電磁石コイルがつくり出す誘導電流や磁界のN極とS極が、その引力や反発力によって及ぼし合う力と

【直流モーターの動作原理例】

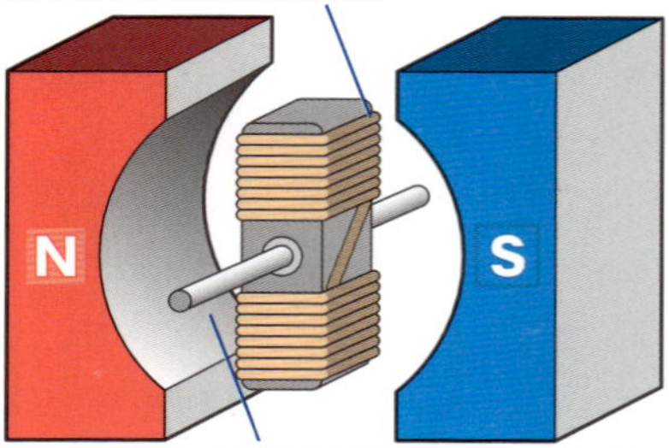
コイルに直流電流を流す
実際には複雑な機構の整流子部分

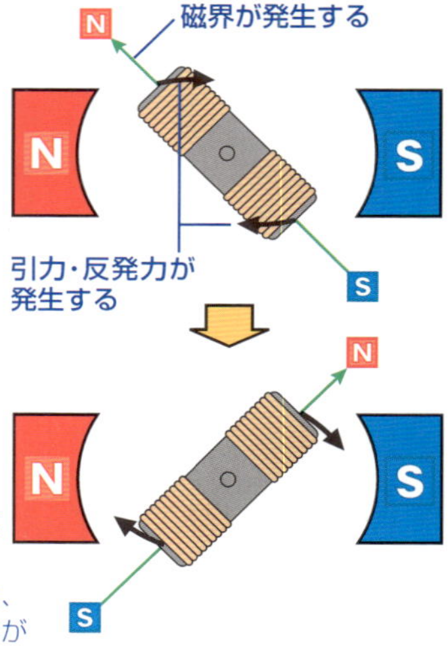
コイルに電流が流れ磁界が発生する

- ２つの永久磁石を使って、N極とS極が向かい合わせになるように置き、その間に回転できるコイルを配置する
- コイルに導線をつないで直流電流を流すと、右ねじの法則で電磁石コイルとなって磁界が発生する
- コイルのつくる磁界と永久磁石のつくる磁界との間で反発力･引力が発生し、初期回転を与えることでコイルが回転する
- 整流子の仕掛けで180°回転するごとに電流の向きが変わるようにすれば、コイルの回転が続く

軸の回転の関係をつくる機構になっています。

発電機と電動機は、フレミングの左手の法則と右手の法則の関係に見られるように、互いに逆の機構となります。力(エネルギー)を加えて軸を回転させることでコイルに電流を発生させ、逆に、コイルに電流を流すことで軸を回転させます。

なお、発電機と電動機は電源と用途に合わせてつくられており、大きく分けると、直流用、交流用、直流･交流両用(ユニバーサル)があります。ただし、発電機には広い意味でまったく別の原理のものがあります。例えば、電池は化学反応を利用した仕組みですし、太陽電池や燃料電池も機械エネルギーは利用しません。また、電動機でも回転力を直線力に展開するリニアモーターが実用化されています。これらについては後述しています。

【交流モーターの動作原理例】

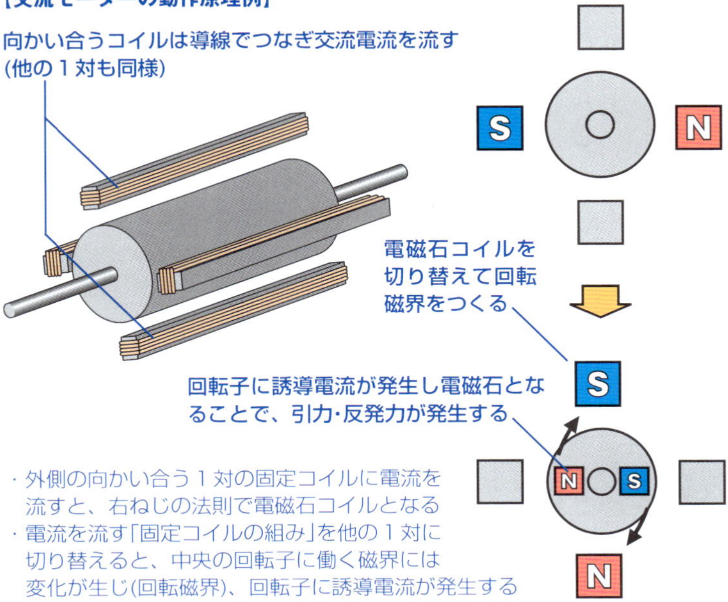
向かい合うコイルは導線でつなぎ交流電流を流す
(他の１対も同様)
S
N
電磁石コイルを
切り替えて回転
磁界をつくる
S
回転子に誘導電流が発生し電磁石となることで、引力･反発力が発生する
N
S
N

･外側の向かい合う１対の固定コイルに電流を流すと、右ねじの法則で電磁石コイルとなる
･電流を流す「固定コイルの組み」を他の１対に切り替えると、中央の回転子に働く磁界には変化が生じ(回転磁界)、回転子に誘導電流が発生する
･発生した誘導電流によって回転子自身も電磁石となり、外側の電磁石コイルとの間に反発力･引力が発生して回転する
･電流を流す「固定コイルの組み」の切り替えは、片方の「固定コイルの組み」だけにコンデンサ(154ページ参照)をつなぐことで、１つの交流電源で２対の固定コイルに流れる電流に位相差を生じさせることができ、回転が続く

蒸気機関車から電気機関車へ

電動機と送電技術の進歩で実用化した電車！

■ 都市路面交通や鉱業で需要が拡大した電気機関車

今でこそ世界各国で当たり前に走っている鉄道ですが、地形の勾配を利用する森林鉄道や馬の牽引力を利用する馬車鉄道は16世紀頃から、営業を目的とした高速鉄道は1830年頃の蒸気機関車が始まりです。

その後、電気機関車（直流、交流、直流·交流両用など）、内燃機関の発明によるディーゼル機関車、蓄電池の発明による蓄電池式電気機関車などが開発され、現在に至っています。

はじめて電気機関車が試作されたのは、発電機と電動機の開発が懸命に行われていた1850年頃ですが、実用的な電気機関車が登場したのは、

【最初の直流電力システムによる電車】

発電所の直流発電機で発電した直流電流を送電線経由で送電し、電車の直流電動機を回して電車を動かした

下のイラストのように、電気は、発電所→送電線→電気取込用第３軌条→機関車の直流電動機→車輪→走行用レールを経て、最終的には大地にアースして回路を成立させた

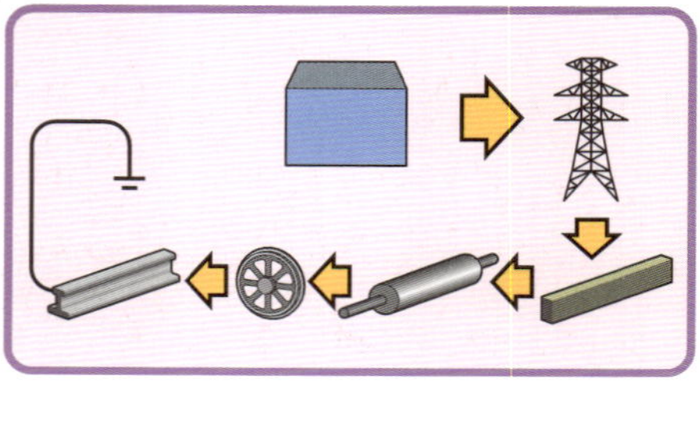

電気機関車における発電所からアースまでの電気の流れ

電動機と送電技術が確立された1880年頃になります。

1879年、ベルリンで開催された勧業博覧会にドイツのジーメンス社が電気機関車を参考出品し、その後の1880年代から本格的な電気機関車の導入が進みました。

電気機関車は、人口や経済活動の集積度を高める都市内の交通を担ったり、鉱山での鉱石輸送などに用いられ、鉄道は普及していきました。

■ 初期の電気機関車の仕組み

ジーメンス社が実用化に成功して営業運転に使用した最初の電車は、直流電流で車輌に複数個設置した直流電動機を動かし車輪を回す動力分散方式でした。

発電所で発電、変電所を経て送電された直流電力を、2本のレールの間に敷設した3本目の電力供給用レール(第3軌条)を経由させて電動機まで取り込み、レールからアースしていました。まだ、架線(パンタグラフ)はありませんでした。

余談ですが、電気機関車とは、先頭車両が機関車となって後続の車輌を牽引するものを指し、電車とは全車両が機関車となるものを指します。もちろん、電車ができるのは20世紀に入ってずっと後のことです。

【初期の直流電気機関車の例】

電気の不思議 2−27

電気の通信への応用 モールス信号

電気の発展が通信の発展に寄与！

■ 昔の通信システム

19世紀のヨーロッパでは鉄道時代の幕開けとともに、速くて正確な通信の需要が高まっていました。当時は煙や光による通信からは脱却していたものの、複数の腕木の位置の組み合わせを目視で受け取るという原始的な通信で、大変な手のかかる通信システムでした。

ちなみに当時の日本でも、大坂江戸間で手旗の振り方で情報を伝える目視通信が行われていました。当初、米相場の上がり下がり程度の情報の伝達しかできなかった手旗通信ですが、幕末には黒船入港といった情報も手旗通信のリレーだけで横須賀から江戸に伝えたという話が残っています。

■ 電信への挑戦、モールス信号

ライデン瓶が発明されて電気実験がやりやすくなった1750年頃、電

【腕木の目視による通信】

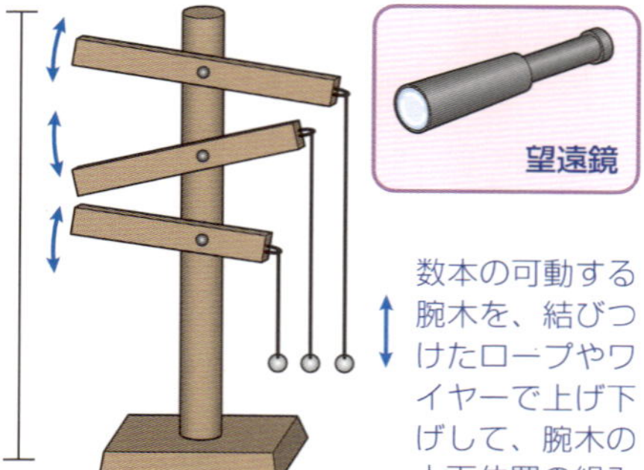

支柱の高さが10m以上あれば数km離れた地点の状態を望遠鏡で確認できた

数本の可動する腕木を、結びつけたロープやワイヤーで上げ下げして、腕木の上下位置の組み合わせで簡単な情報の通信を行っていた

【手旗の目視による通信】

気を通す物質(導体)と通さない物質(絶縁体、不導体)で電気の伝導速度の実験を行っていたワトソンの実験成果などを踏まえて、静電気を通信に使うことを考案した人たちがいました。

その後、ボルタ電池がつくられ、また電気分解ができるようになると、これを通信に使えないかと考えた人も現れました。1809年、ゼンメリングは、アルファベットの文字数だけ電線を1対ずつ張り、送りたい文字の電線に電流を流すと電気分解で泡が出るという通信装置をつくりました。また、シーリング、クック、ホートストンらは、泡が出るのに時間がかかる電気分解装置の代わりに方位磁針を設置して、情報の伝達を試みました。いずれも電線を張るのが大変だったので実用化には至りませんでした。

同じ頃、アメリカでは、西部開拓で鉄道網が急速に充実したことから、モールスらが1843年に電信会社を設立し、電流のオン·オフの間隔で長い短いを表現する通信方式を思いつきました。この方式は、慣れてしまえば、電流計の針の振れを見なくても、針の振れる音を聞くだけでオン·オフ間隔がわかったことから、その後、音のオン·オフ間隔(長短)で通信するモールス信号の誕生に結びついたのです。

モールス信号の2種類の符号で情報を伝えるという仕組みは、現在のデジタル技術の開祖ともいえるでしょう。

【電気による通信の試み】

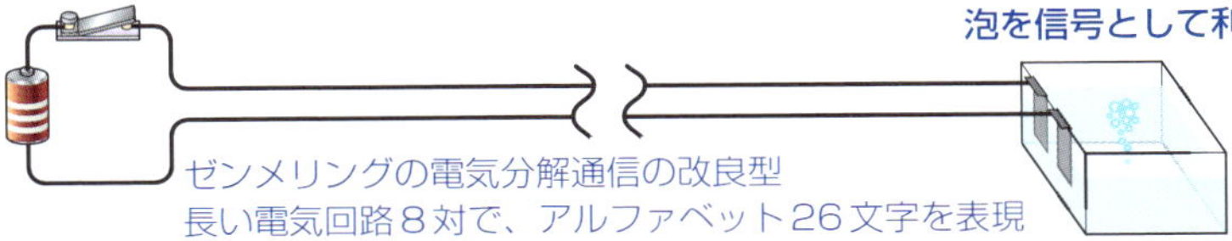
電気分解で発生する

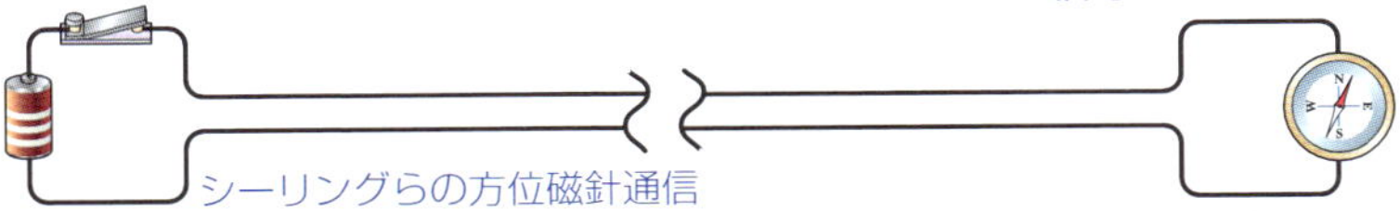
方位磁針の針の振れ
信号として利用
長い電気回路5対で、記号化したアルファベット26文字を表現

【モールス信号のルール】

1　音の長短(3:1)の組合せで符号を表現し、さらにその組合せで文字を表現する
2　音の間隔は短音と同じ、符号の間隔は長音と同じ、文字の間隔は短音7つ分
3　符号例) Aは・－－－　Bは－・・・　Cは－・－・　(・は短音、－は長音)

ベルの電話と無線通信の開発

電信から電話へ、有線から無線へ　通信の進化！

■ 電話の発明はグレイ、発明者はベル、エジソンは技術改良

急速に普及した電信の次は、当然のように音声通話つまり電話の開発が始まります。電話には、話しを聞くためのスピーカと話しをするためのマイクロフォン(マイクは略称)が必要です。これをセットで開発したのはライスですが、残念ながら時代と環境が悪く、実用化には至りませんでした。

1876年、グレイとベルの２人の発明家が別々に電話の特許を申請し、紆余曲折の末、ベルだけに特許がおりましたが、その後、実用化の改良技術に長けたエジソンも加わって特許紛争が起こります。結局、ベルの設立したベル電話会社(現在のアメリカAT&T社)が最大最古の電話会社、グレイの設立したWECが最大の電話機メーカーとなり、1881年にAT&Tとして合併しました。合併時にできた技術研究部門が現在のベル研究所です。

【ベル式電話機の例】

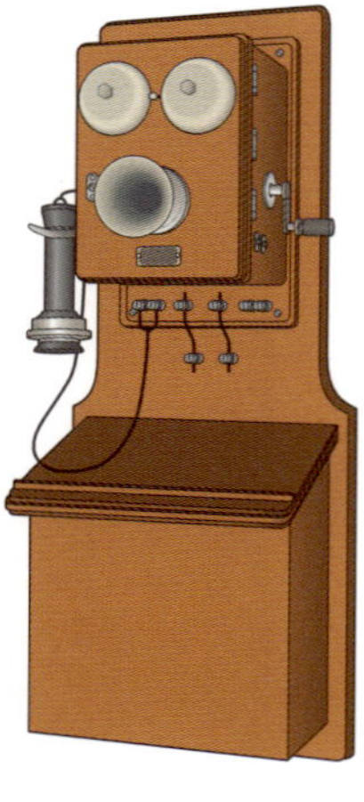

【ベル式電話機のスピーカとマイクロフォンの原理】

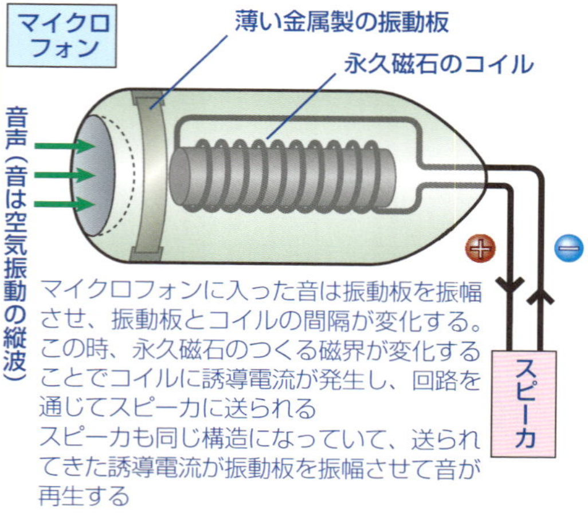
マイクロフォン
薄い金属製の振動板
永久磁石のコイル
音声（音は空気振動の縦波）
マイクロフォンに入った音は振動板を振幅させ、振動板とコイルの間隔が変化する。この時、永久磁石のつくる磁界が変化することでコイルに誘導電流が発生し、回路を通じてスピーカに送られる
スピーカも同じ構造になっていて、送られてきた誘導電流が振動板を振幅させて音が再生する
スピーカ

■ 無線電信の開発

無線電信が開発されたのは19世紀末です。マルコーニは、後述するマクスウェルやヘルツの電磁場理論に基づく無線電信機をつくり、2[km]ほど離れた2地点間でのモールス信号の送受信に成功しました。送信器にはヘルツが実験で使った交流電流による誘導コイル、受信器のアンテナには鉱石や針金を利用しました。

無線が船舶航海用として注目されたため、その後の技術改良は速く、20世紀になると数百[km]の送受信までできるようになりました。大西洋をまたぐ無線電信に初めて成功したのもマルコーニです。1904年の日露戦争でのロシア艦隊の発見第一報や、1912年のタイタニック号の遭難信号で無線通信が重要な役割を演じたことはあまりにも有名です。

■ 無線電話の開発を完成させた日本人

電話と無線の技術が融合し、音声の無線通信も可能になります。フェッセンデンらの試作機を、日本人の鳥潟、横山、北村が改良したTYK式(三者の姓の頭文字をとった)とよばれる機器は、発信側が電極間に電気火花を飛ばす火花式、受信側が鉱石のアンテナを使った検波式でした。1913年にほぼ完成し、日本国内で世界初の実用無線電話事業が始まりました。

【マルコーニによる無線通信の送信装置】

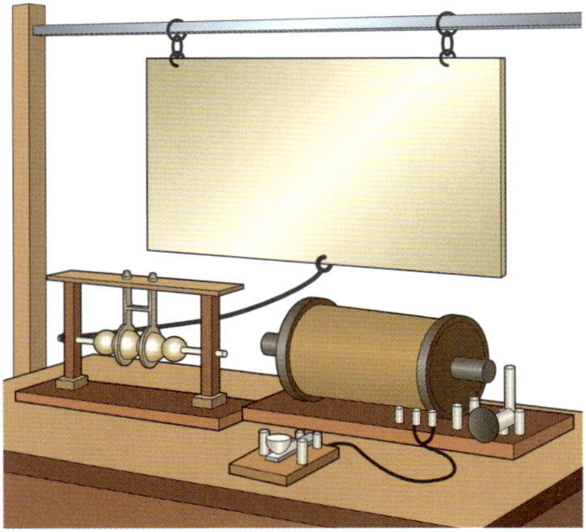

【TYK式無線電話機の例】

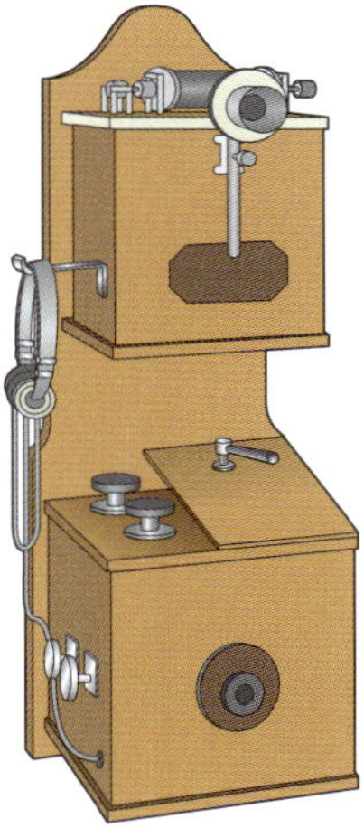

電気の不思議 2－29

電磁波とマクスウェルの電磁場理論

物理学の統一　難解な研究領域に入る電磁波！

■ 電磁波とは

送電技術や電話機の発明から無線通信の技術が培われ、科学技術は有線から無線の時代へと変わりつつありました。そんな時代に多大な貢献をしたのが光や電波を研究した人たちです。

光も、携帯電話やカーナビやテレビでお世話になっている電波も、どちらも空中や真空中を伝わります。伝わる速度も、どちらも同じ毎秒約30万[km]です。電波は目に見えませんが、光にも人間の目には見えない光線が含まれています。実は、光と電波の科学的な境目はありません。どちらも同じもの(現象)なのです。これらは別々に研究が進められて、後世になって同じものとわかったため、異なるよび方がされているだけです。

そこで今では、これらをまとめて「電磁波」とよんでいます。レントゲン

【電磁波伝搬のイメージ】

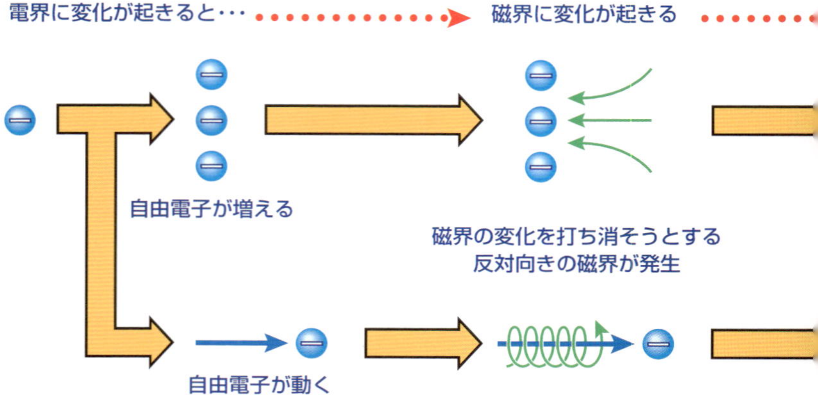
電界に変化が起きると・・・
磁界に変化が起きる
自由電子が増える
磁界の変化を打ち消そうとする
反対向きの磁界が発生
自由電子が動く

で使われるX(エックス)線、多量に浴びると危険な紫外線、リモコンで使われる赤外線、放射性物質などが放つガンマ線など、すべて電磁波です(分野によっても違いますが、電波法では、赤外線を境に周波数3[THz]以下の電磁波を電波としています。詳細は187ページを参照)。

■ マクスウェルの電磁場理論

マクスウェルは、このような電気、磁気、光、電波というバラバラの現象を統一した物理学史上の大立者《おおだてもの》です。それまでの断片的な現象やファラデーらによる電磁気の法則を数学的な方程式にまとめることによって、電磁波の存在や光と電波の速度が同じであるということを電磁場理論として予測しました。マクスウェルの方程式は微分·積分·ベクトル·行列などの数学的な解釈によるので、本書ではとても説明できませんが、簡単にいうと以下のようになります。

・電界の素は電荷(電子の過不足)だが、磁界の素はない(79ページ参照)
・電界の変化で磁界が生じ、磁界の変化で電界が生じる(後半は電磁誘導)

当時、電子の存在や電磁波が何を伝わっているのかといったことがまだわかっていなかったので、この理論の普及にはしばらく時間がかかりますが、後述するヘルツらによってマクスウェルの電磁場理論が実証されていきます。

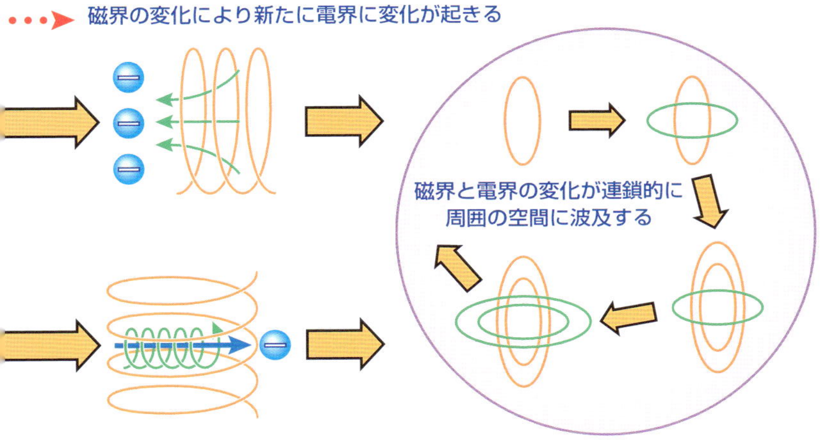
磁界の変化により新たに電界に変化が起きる
磁界と電界の変化が連鎖的に
周囲の空間に波及する

電気の不思議 2−30

電磁場理論を実証したヘルツ

電磁波の存在を証明した電気火花の実験！

■ 電磁波存在の証明実験

電磁波の存在を証明することで、マクスウェルの電磁場理論を実証した人がヘルツです。ヘルツの名は、その功績から周波数の単位に使われています。

ヘルツは1887年、画期的な電磁波実在証明の実験に成功します。その実験とは、1つの閉じた電気回路の1点で電気火花を発生させると、その回路とは離れた場所に置いた狭い切れ目のある針金の輪の隙間にも電気火花が発生するというものでした。

ヘルツは、このことから、相互誘導などで交流電流が流れると、電磁波

【ヘルツの電気火花による電磁波伝搬の実証実験】

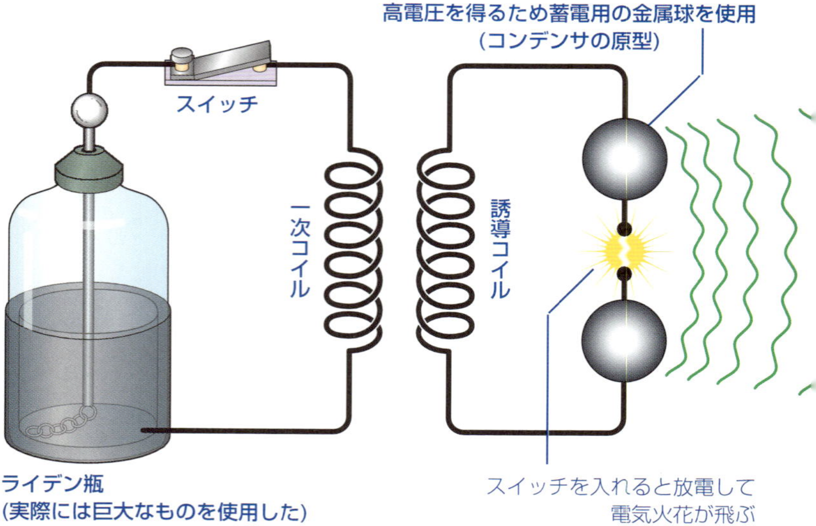
高電圧を得るため蓄電用の金属球を使用
(コンデンサの原型)
スイッチ
一次コイル
誘導コイル
ライデン瓶
(実際には巨大なものを使用した)
スイッチを入れると放電して
電気火花が飛ぶ

が生じ、それが空間を伝わっていくことを明らかにしました。

ヘルツは続けて、伝搬速度や反射についての実験を行い、電波と光が同じような性質をもつことを確認しました。これらの成果は、先に紹介した無線通信の科学的な根拠ともなっていきます。ヘルツの天才的な点は、あたかも水面で拡がる波のように、目に見えない電磁波が空中を伝わっていくことを予見していた点です。マクスウェルの電磁場理論を確信し、反証の余地がまったくない、わかりやすい現象で実証していきました。

ヘルツの後、この電磁波の遠隔への伝搬現象を確かめる実験装置は改良され、交流電源と相互誘導による電磁波の発生·放射·伝搬にかかわるマクスウェルの電磁場理論は確立されました。

この時代、発電機がつくられ始めていましたが、実際のヘルツの実験では、まだライデン瓶を使っていました。電流の量が不十分なため、かなり大きなライデン瓶をつくって高電圧を得ていたようですが、それでも針金の輪の隙間で放電する電気火花はかすかなもので、その部分を顕微鏡で観察して確認するという繊細な実験だったということです。

なお、この実験の現象は、テレビアンテナが空中を伝播してきた放送用の電波に影響され、アンテナの金属中の自由電子が動いて電流を発生させ(電磁誘導)、電気信号として伝わる現象と同じです。

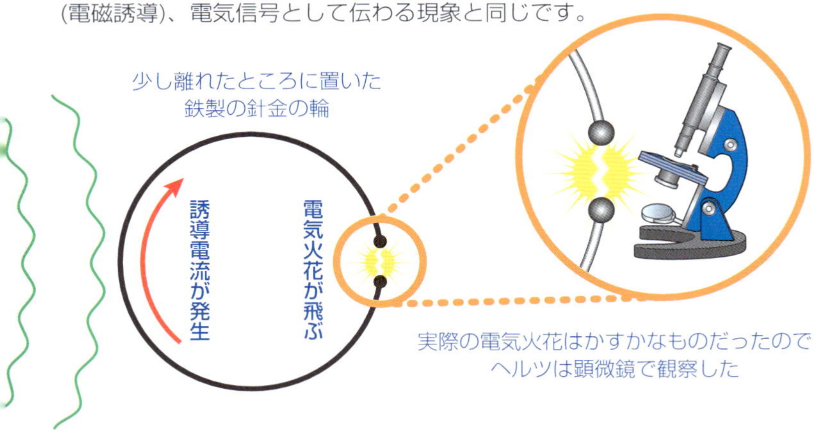
少し離れたところに置いた
鉄製の針金の輪
誘導電流が発生
電気火花が飛ぶ
実際の電気火花はかすかなものだったので
ヘルツは顕微鏡で観察した

目には見えない電磁波が空中を伝搬し、離れた所に置いた鉄製の針金の輪(アンテナとなる)に誘導電流が発生することで、隙間で放電し、電気火花が飛んだ

電気の不思議 2－31

陰極線、ローレンツ力、トムソンによる電子の発見

ついに見たり、電気の正体　電子の発見！

■ 陰極線と電子の発見

電流が流れている時、何が電気を運んでいるのか、すなわち電気の正体は何かというのは、長い間わかりませんでした。電気を運んでいる何か小さい粒のようなものに関してはファラデーも予想していましたが、本格的に研究が進むのは19世紀後半からです。

プリュッカー、ガイスラー、ヒットルフ、ゴールドシュタイン、クルックスらはガラス真空管内での放電実験を行っていましたが、1876年、高い電圧をかけたガラス真空管内の真空放電実験から発見された陰極線により電流の正体が解明されました。これが電子の発見の瞬間なのですが、

【ガラス真空管での放電実験の例　陰極線の観察】

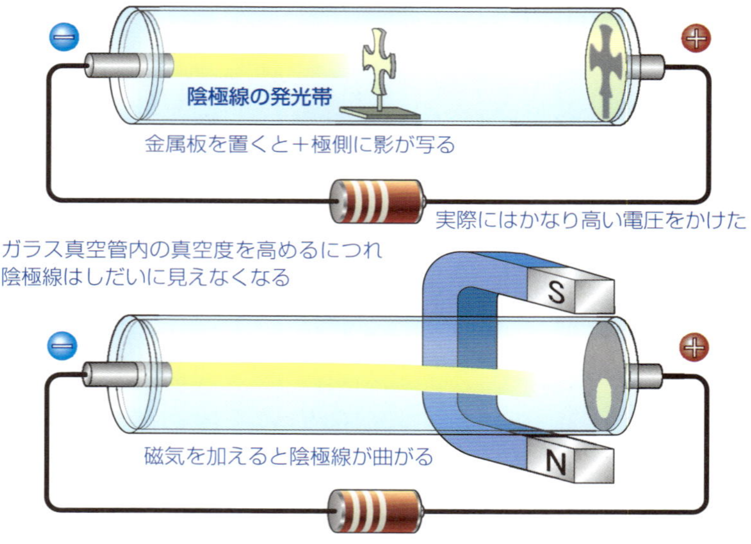

陰極線の発光帯
金属板を置くと＋極側に影が写る
実際にはかなり高い電圧をかけた
ガラス真空管内の真空度を高めるにつれ
陰極線はしだいに見えなくなる
S
磁気を加えると陰極線が曲がる
N

ローレンツが電界や磁界の中で力(ローレンツ力)を受ける電子の存在を予想した後、トムソンによって電流の正体すなわち世界最小の物質である電子(エレクトロン)が特定されるのは1897年のことです。

■ ガラス真空管内の真空放電の実験

陰極線の実験には多くの科学者が挑戦していました。

ガラス真空管内の両端に、それぞれ＋と－の極を付け、高い電圧をかけて真空放電すると、真空度に応じた直線状の発光帯が観測されました。真空度が高まるにつれて何も見えなくなりますが、

・ガラス真空管内に金属板を置くと＋極側に影が写る
・ガラス真空管内に軽い羽根車を置くと＋極側に回転しながら移動する
・＋極側に置いた蛍光スクリーンが光る

などの観察結果から、放電物質は－極から発せられていることが確認され、陰極線と名付けられました。また、陰極線に電界や磁界をかけると、＋極(陽極)側に曲げられる(引き付けられる)ことも観察されました。これらの実験から陰極線の正体が－の電荷をもっていることが確認できたのです。

■ 電子の研究の現状

20世紀に入ると、磁気は電子の公転や自転が原因であること、電子は光と同じように波と粒の両方の性質をもつことや、電子を個別に取り出し、電子の粒を空中で保持し観察することができることなどが確認されました。

【トムソンのクルックス管での放電実験　陰極線の観察】

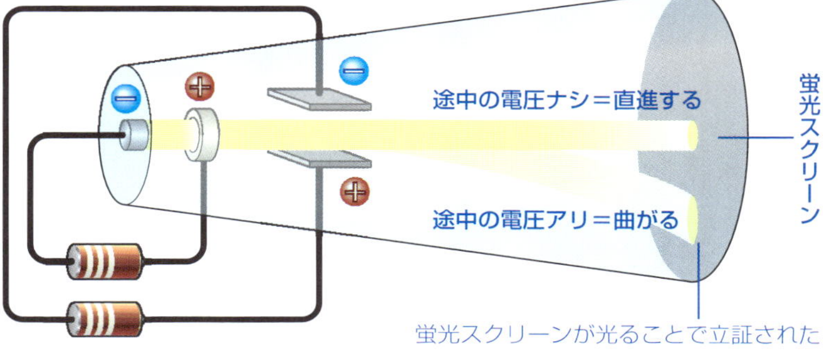
途中の電圧ナシ＝直進する
途中の電圧アリ＝曲がる
蛍光スクリーン
蛍光スクリーンが光ることで立証された

レントゲンによるX線の発見

電磁気学は、さらに難解な原子物理学へ！

■ X線から電磁波や原子構造の予想が進む

1895年、レントゲンは、陰極線とは別に、物質を突き抜ける放射線が出ていることを発見しました。この放射線は正体不明なためにX線と名付けられましたが、体内の骨などの影を写し出すことができたため、その解明とは別に、医療に使われるようになりました。この成果により、レントゲンは第1回ノーベル物理学賞受賞者となります。

レントゲンは、部屋を暗くして陰極線をガラス真空管の外部にまで取り出す実験を行っていた時、離れていた所に置いてあった蛍光スクリーンが光っていることに気が付きました。陰極線をガラス真空管内で曲げても、陰極線の経路方向に本を置いても光り続けたため、それが陰極線ではないことは明白でした。そこで、蛍光スクリーンを写真感光板に代えて焼き付けたところ、偶然、自分の手の骨の影が写し出されたのです(その後、夫

【X線発見の瞬間】

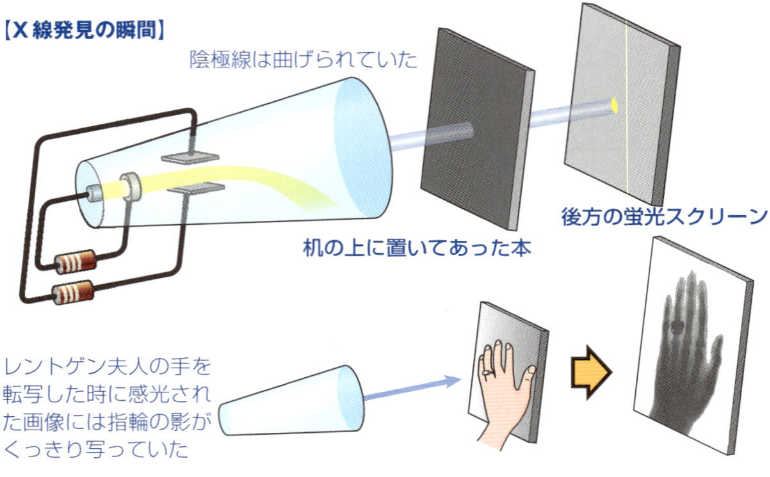
陰極線は曲げられていた
机の上に置いてあった本
後方の蛍光スクリーン
レントゲン夫人の手を転写した時に感光された画像には指輪の影がくっきり写っていた

人の手の影を写真感光板に焼き付けると、夫人のはめていた指輪の影がはっきり写し出されたというエピソードも残っています）。このことから、陰極線ではない正体不明の放射線は、透過する物質と透過しない物質があることに気付きました。

X線が放射性物質から放出される電磁波(187ページ参照)の一種であることが判明したのは1912年ですが、X線の存在から、電磁波の正体や原子構造などが予想され、20世紀の原子核物理学の突端となりました。

■ 現代のX線撮影装置

現在、X線撮影による内部検査装置は、医療用のみならず、成分分析用、非破壊内部検査用など、さまざまな機器が開発されています。

X線照射による撮影は、レントゲンの発見した現象を応用したもので、その原理は基本的に変わりありません。

X線は、ガラス真空管内で、－極から高い電圧で電子を放射し、それが＋極の金属に衝突した時に発生します。X線が透過する物質としない物質の差により、その後方に置いた写真感光板に物質の影を写し出す仕組みになっています。

【X線撮影装置の基本的な仕組み】

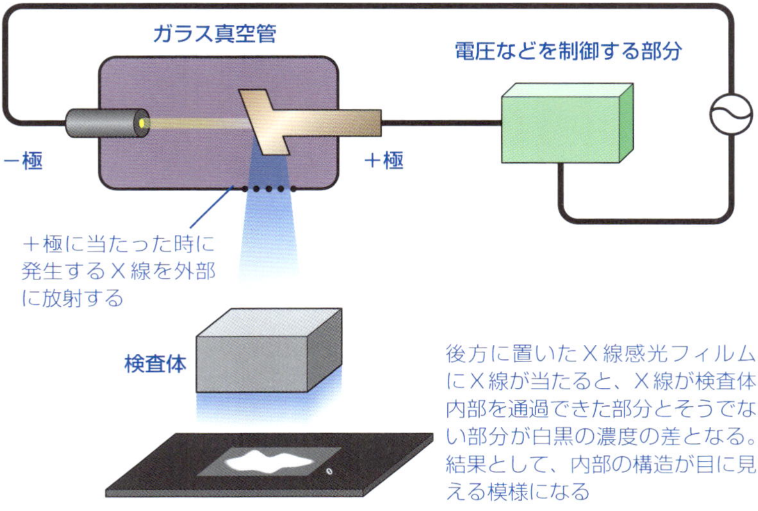
ガラス真空管
電圧などを制御する部分
－極
＋極
＋極に当たった時に発生するX線を外部に放射する
検査体
後方に置いたX線感光フィルムにX線が当たると、X線が検査体内部を通過できた部分とそうでない部分が白黒の濃度の差となる。結果として、内部の構造が目に見える模様になる

光電効果

光は波、光は粒子、光速度は不変　摩訶不思議？

■ 光電効果の発見

光は、空気中から水中に侵入すると進行方向が変わります。これは波の屈折という現象です。また、異なる色(すなわち波長)の光どうしがぶつかると別の色に見えたり縞模様を生成したりします。これは波の干渉という現象です。これらの事実は光が波の性質をもつことの証拠であり、光は波であると信じられていました。一方、電子は、－の電荷をもち、質量があり、原子核の周囲を回っています。これらの事実は電子が粒子であることの証拠であり、電子は粒子であると信じられていました。

1873年、スミスとメイが、光が当たると電流が流れるセレンという元素を発見し、この現象を光電変換(後に光電効果)と命名しました。また、ヘルツとハルバックスが、金属に光を当てると表面から電子が放出されるという光電効果を確認しました。さらに、レナード、ドブロイ、コンプトン、アインシュタインらによる光電効果の研究から、電子と光は同様の性質をもつことが導かれました。光が波である事実は変わりませんでしたが、光は粒子の性質も合わせもつことの証拠となったのです。

光電効果の原理は、後に、太陽電池、レーザー、CCDやCMOS(128ページ参照)などに応用される技術へとつながります。なお、光電効果は発光ダイオードの発光と逆の原理です。

【光電効果のイメージ】

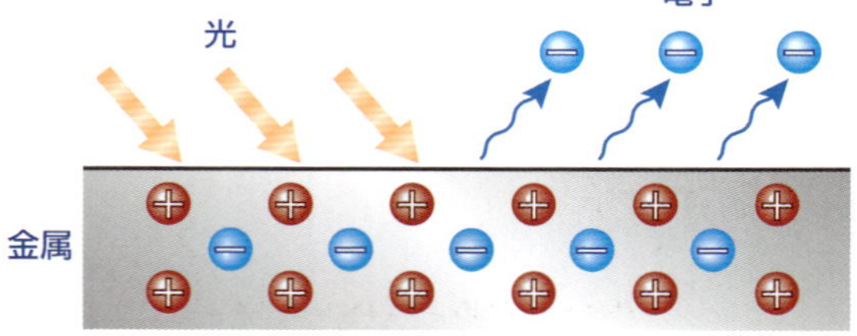

【光電効果を確認できる実験例】

−に帯電して箔が開いている箔検電器の亜鉛板に、水銀灯などを使って強い紫外線を照射すると、亜鉛板表面から電子が放出され、箔に帯電していた−の電子がなくなることで箔は閉じる

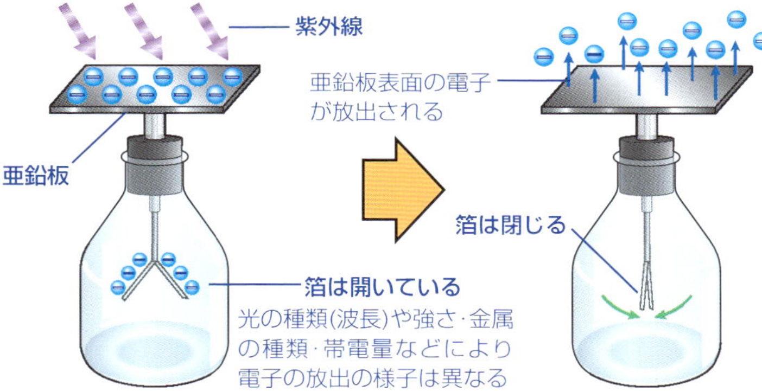
紫外線
亜鉛板
亜鉛板表面の電子
が放出される
箔は閉じる
箔は開いている
光の種類(波長)や強さ·金属
の種類·帯電量などにより
電子の放出の様子は異なる

【太陽電池に見る光電効果】

太陽光に含まれる紫外線などが太陽電池の受光素子に当たると、光電効果により、2種類の半導体間で−の電子と＋を帯びた正孔(ホール)が分離し、それぞれの電極側に引き寄せられ電圧が発生する

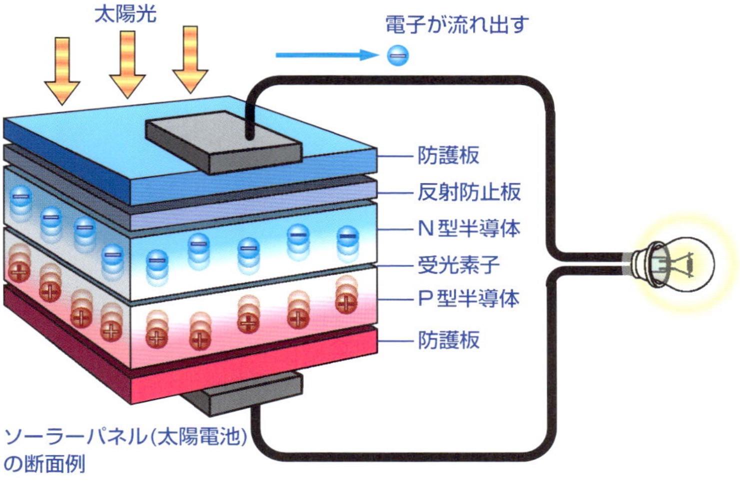
太陽光
電子が流れ出す
防護板
反射防止板
N型半導体
受光素子
P型半導体
防護板
ソーラーパネル(太陽電池)
の断面例

電気の不思議 2－34

マイケルソンとモーリーの光速度の測定実験

宇宙空間はからっぽだった！

■エーテルの存在を調べる光速度の測定実験

マクスウェルの電磁場理論もだいぶ浸透した19世紀末、光などの電磁波は波の性質をもつことがほぼ解明されていましたが、電磁波が真空の宇宙空間を伝播する理由が謎のままでした。電磁波が波だとすれば、波を伝える媒質が必要だったため、多くの科学者は、宇宙空間は他の物質とは別にエーテル(有機化合物のエーテルとは違う)という目に見えない物質で満たされているという仮説を立て、電磁波はエーテルを波の媒質として伝播していると考えていました。

1881年、マイケルソンとモーリーは、エーテルの存在を確認するため、1849年にフィゾーが測った光速度を正確に測定し直しました。もし宇宙空間にエーテルが存在し、光がエーテルの振動により伝播する波であるならば、静止している光源から出る光と、運動している光源から出る光の速度では差が出るはずだと考え、実験装置を工夫しその差を測定したのです。

【光と光源の速度差を出すため地球の自転・公転を利用するというアイデア】

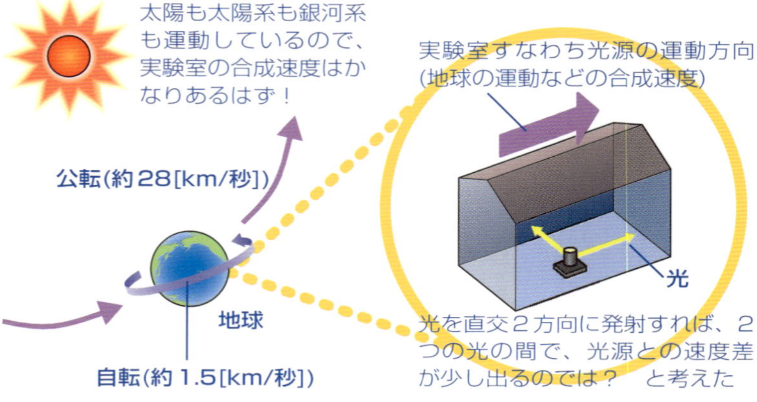

太陽も太陽系も銀河系も運動しているので、実験室の合成速度はかなりあるはず！
公転(約28[km/秒])
地球
自転(約1.5[km/秒])
実験室すなわち光源の運動方向(地球の運動などの合成速度)
光
光を直交2方向に発射すれば、2つの光の間で、光源との速度差が少し出るのでは？　と考えた当時、光の速度はとてつもなく速いことはわかっていましたので、光源の運動速度を相当に速くしなければ測定は困難に思われましたが、マイケルソンとモーリーは光源の運動に地球の自転と公転を利用することを思い付き、実験装置を開発しました。と言っても、実験装置の光源を置く場所は実験室の中、すなわち自転と公転をしている地球上にあるので、光源の運動方向を２種類用意することで、そこから放たれる光の速度には差が出ると考えたのです。実際の測定装置は、同じ光源から発射されたレーザー光線を鏡を利用して互いに直交する２方向の光に分け、それらの光を再び鏡を利用して同じスクリーンに到達させ、干渉縞(２つの光の到達時間に差があれば干渉し合って縞模様が見える)を観測しようとしました。

しかし、実験装置の置く向きをどのように変えても干渉縞は観測できませんでした。つまり、光源が運動して速度をもっていても、光の速度は常に不変だったのです。地球の自転と公転などの合成速度(約30[km/秒])は光の速度の１万分の１程度と小さいので観測できなかったのか、はたまた実験誤差があるのか、検証は続きました。その後も、別の科学者が精度を上げた別の実験装置で干渉縞の観測を試みましたが、結果は同じで、光は、どのような光源から放たれても、どのような宇宙空間を伝播する時でも、常に一定の速度30万[km/秒]だという事実が確認され、エーテルの存在は否定されました。

【マイケルソンとモーリーの実験】

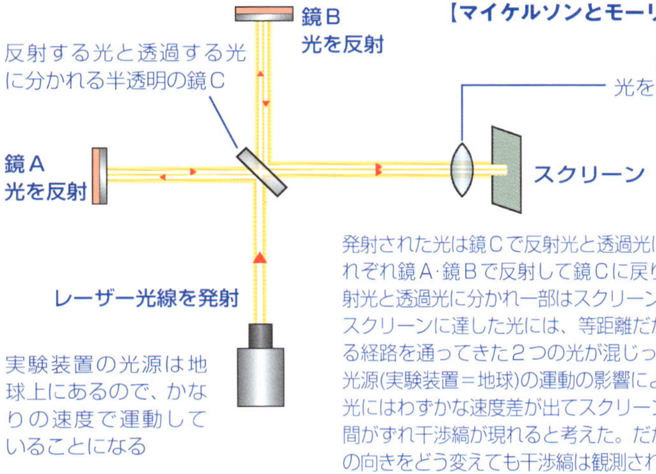
凸レンズで光を収斂させる

発射された光は鏡Cで反射光と透過光に分かれ、それぞれ鏡A·鏡Bで反射して鏡Cに戻り、さらに反射光と透過光に分かれ一部はスクリーンに達する。スクリーンに達した光には、等距離だが方向の異なる経路を通ってきた２つの光が混じっているので、光源(実験装置＝地球)の運動の影響によって２つの光にはわずかな速度差が出てスクリーンへの到達時間がずれ干渉縞が現れると考えた。だが、実験装置の向きをどう変えても干渉縞は観測されなかった

電気の不思議 2−35

アインシュタインの相対性理論と $E=mc^2$

時間や空間は伸縮、物質はエネルギー　何のこと？

■ 光速度不変から創造した特殊相対性理論

マイケルソンとモーリーの実験から、「宇宙空間には光を伝える媒介物質エーテルが満ちている」という仮説が否定されることになる一方で、エーテルの否定はニュートンの古典力学とマクスウェルの電磁場理論が相矛盾することの証拠ともなってしまいます。

1905年、アインシュタインは、「光(＝電磁波)の速度が不変ならばエーテルは存在しなくてよい。それによってもたらされるニュートンの古典力学と電磁場理論の矛盾は時間や空間が伸び縮みすると考えれば解決する」という特殊相対性理論を発表します。「光源が動いても観測者が動いても光の速度は一定の毎秒30万[km]。それは、異なる速度で運動する2つの慣性系では時間の進み方も空間の大きさも異なるから」と説明しているのです。あまりに斬新な仮説だったため大論争を引き起こしましたが、そ

【2つの課題を解決したアインシュタインの特殊相対性理論】

・宇宙空間には電磁波(光)の伝播を媒介する物質「エーテル」はない

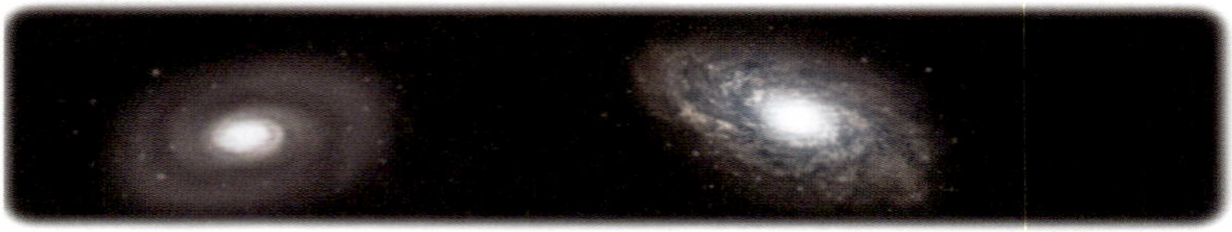

・飛んでいるボールの速度は止まっている人から見た場合と走っている車から見た場合では差があるが、光は一定の速度になる。光速の世界では古典力学が通用しなくなり、時間や空間という四次元の変数の導入が必要となる

の後、プランクや天体物理学の見地などから支持されるようになります。

アインシュタインの相対性理論は、複雑な数式と創造的な解釈により説明されますが、ワープやタイムマシーンを可能にするような、まるでSF映画の世界観でした。もし光速に近い速度で進むことができる宇宙船で地球を出発したとすると、地球から見る宇宙船の乗員は、何年経ってもほとんど歳をとらないことになります。さらに付け加えれば、もし光速で運動する世界にいるとすると、時間は止まり、空間の大きさは0になり、質量は無限大になるというのです。それは不可能だから、この世の中でもっとも速いのは光であり、光を追い越すことは不可能だというのです。

■ $E=mc^2$　物質とエネルギーは等価である

アインシュタインは後に、慣性系(等速運動している世界)でのみ成立する特殊相対性理論を、加速系でも成立する一般相対性理論に発展させます。そして、$E=mc^2$(物質の質量に光速の２乗という定数を掛けた値が物質の持つエネルギーである)という驚愕の理論を提唱し、後に実験で証明されることになります。「物質はエネルギーである」というこの理論は、アインシュタインの最大の後悔とされる核爆弾でも証明されてしまいます。原子力の応用技術として生まれた核爆発は、原子核の質量欠損によるエネルギー変換がなされた結果です。物理学が量子力学に焦点を移した現代でもなお、彼の理論は健在であり、相対性理論と量子理論を統一する統一場理論の根拠となっています。

なお、アインシュタインのノーベル物理学賞受賞は、有名な相対性理論ではなく、光量子仮説や光電効果の数学的な解明によってなされました。

【$E=mc^2$】

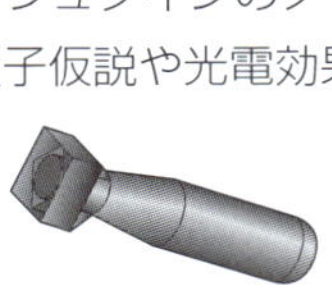

1[g]の質量を$E=mc^2$の式に代入して計算すると、広島型原子爆弾が核分裂を起こして爆発する時に放出されるエネルギーにほぼ一致するという

太平洋戦争末期に広島に投下された原子爆弾は、原子核の質量欠損が1[g]だったという。1[g]は1円玉の質量に相当する

光通信　レーザー光線と光ファイバーの発明

意外と古い光通信の歴史！

■ 光通信の歴史

光通信とは、可視光線を利用した情報伝達と、光エネルギーを媒介する情報通信の２種類に分けられます。古代、焚き火の狼煙《のろし》などを合戦の合図にしていたことは知られていますが、近代になっても、無線通信が発達するまでは、例えば、カンデラの点滅で遠隔通信を行っていました。

あまり知られていないことですが、1876年に電話の特許を申請して電話機の発明者の一人となったベルは、その数年後に、スミスとメイが発見したセレン元素の光電効果を利用して、太陽光を音声信号に変換する技術を考え出し、世界で最初に近代的な光通信の装置を開発しています。

しかし、太陽光線を利用する装置だったため、天候や時刻に制限され、また、目的地に光通信する時は大気中を通すことで音声信号の伝達歩留まりが悪く不安定になり、実用化には至りませんでした。

【太陽光を利用した音声通信】

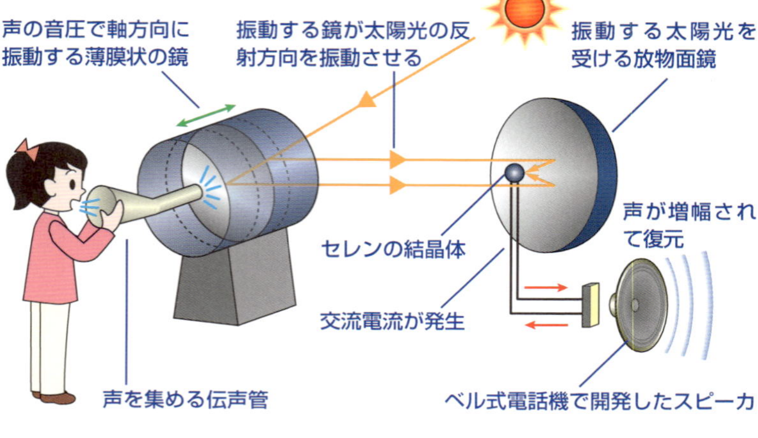
声の音圧で軸方向に振動する薄膜状の鏡
振動する鏡が太陽光の反射方向を振動させる
振動する太陽光を受ける放物面鏡
声が増幅されて復元
セレンの結晶体
交流電流が発生
声を集める伝声管
ベル式電話機で開発したスピーカ

■ レーザー光線と光ファイバーの発明

ベルの光通信実験から長い時を経て、アインシュタインが1916年に発表した光誘導放出予想を研究していたタウンズ、ショーロー、メイマン、ブルームバーゲン、シーグバーンらによって、1960年頃、自然界には存在しないレーザー光線およびその発射装置がつくられました。

レーザー(LASER)とは、光の誘導放出増幅という意味の英語であるLight Amplification by Stimulated Emission of Radiationのアルファベットを集めた造語です。自然光との違いは、光の束を構成する光の波長･位相(光は横波)･方向がすべて同一なため、直進指向性･集中収束性･平行性が強く、減衰せず、高いエネルギーを保持できる点です。この特性を活かして、鉱物や金属の切断、医療外科手術、装飾用照明、レーザーディスク(LD)･コンパクトディスク(CD)･光磁気ディスク(MD･MOD)･デジタル多目的ディスク(DVD)などのデータの読み書きなど、幅広く利用されることになり、20世紀最大の発明であるという識者もいるほどです。

加えて、1970年代の光ファイバーの発明によって、レーザー光線を使うと光を長い曲線ケーブルの中に閉じこめて走らせることができるようになり、大量の情報を損失なく遠くまで瞬時に送れる光通信は、一躍、有線通信の最先端に立ちました。赤外線通信技術や電波の人工衛星通信技術とともに、21世紀の高度情報化社会を支える屋台骨といえるでしょう。

【レーザー光線の発生原理と光ファイバーケーブル】

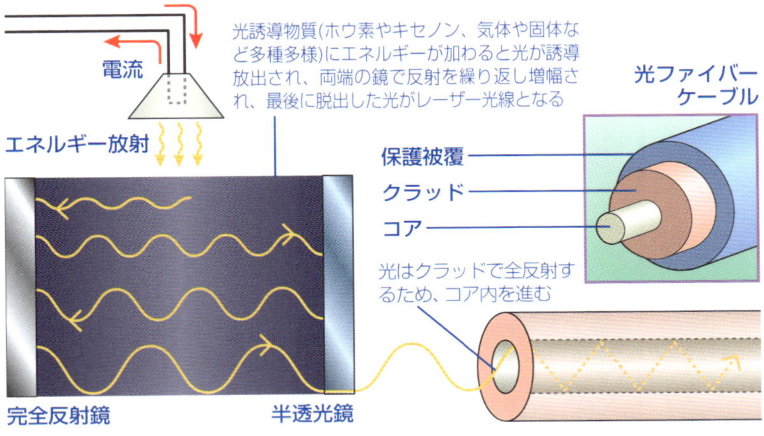
電流
エネルギー放射
光誘導物質(ホウ素やキセノン、気体や固体など多種多様)にエネルギーが加わると光が誘導放出され、両端の鏡で反射を繰り返し増幅され、最後に脱出した光がレーザー光線となる
光ファイバーケーブル
保護被覆
クラッド
コア
光はクラッドで全反射するため、コア内を進む
完全反射鏡
半透光鏡

電気の不思議 2－37

超電導とリニアモーターの発明

実用化なるか？　電気抵抗が0になる夢の現象！

■ 超電導の発見

超電導とは、物質の電気抵抗が0(無)になる現象です。超電導現象の発見は意外と古く、1911年にオネスが水銀の冷却実験中のことでした。当初は、物質の温度が－243°という非常に低い温度(物質の最低温度は－273°。絶対零度という)で、液体ヘリウム･液体窒素･一部の金属などで見られる現象でしたが、1986年頃、より高い温度(といっても－138°～－113°とかなり低い)でも数種類の元素が組み合わさった酸化物で超電導を起こすことが発見されました。

電気抵抗が0(無)になるメリットは大きく、発生する熱が0(無)になることを考慮すれば、電力貯蔵の高効率化、超強力な電磁石、送電損失の大幅軽減、発電機の発電効率の大幅改善などが期待されています。

超電導現象の真相はまだ完璧には解明されておらず、また、より高温(目標は常温＝＋20°の室温程度)な状態での超電導物質の発見･開発に向けて、研究にしのぎがけずられています。

【超電導現象が起こる熱と原子の関係】

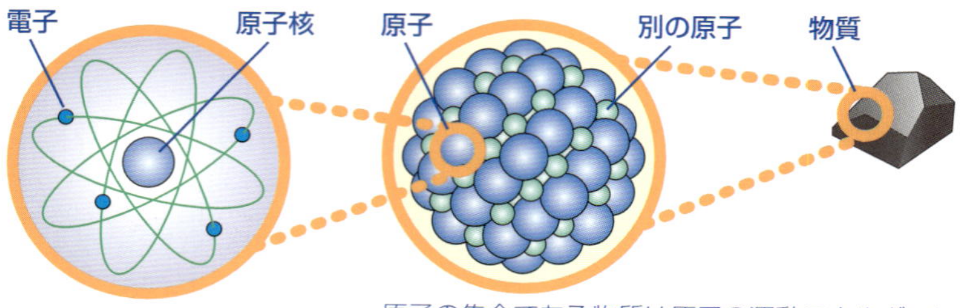

原子は全体が常に振動していて運動エネルギーを放出している

原子の集合である物質は原子の運動エネルギーにより温度をもつ。原子の振動が小さい低温度の時は自由電子の移動もスムーズになり超電導現象が起きやすい

■ リニアモーターの発明

磁界の向きが一定の速さで回転する回転磁界を利用して、高性能の電動機(電気モーター)がつくられましたが、リニアモーターとはこの応用で、回転磁界による円運動の軌道を直線状に展開した機構です。個々の場所での磁界の向きが交互に切り替わるだけですが、これを真横から眺めれば、磁界が直線的に動くことになります。原理の最初の発明者は、ホイートストーンで1841年のことです。

このリニアモーターを推進力に、加えて、別の磁界により車輌を浮き上がらせて車輪の接触による摩擦抵抗をなくしたものが磁気浮上式リニアモーターカーで、現在、世界各地で実用化に成功しています。

推進力と浮上力に電磁石コイルを使う関係上、大量の電気を消費するため、超電導電磁石(電力の供給なしに電流が永久に流れ続ける)を採用することで省電力を目指していますが、超電導温度は依然として低いため、電磁石の冷却に大量の電気が消費されているのが現状です。また、原理的には、重い車輌が空中に浮上するのでいくらでもスピードを上げられそうですが、電磁石コイルの電圧制御が難しいなどの課題があります。

【磁気浮上式リニアモーターカーの原理】

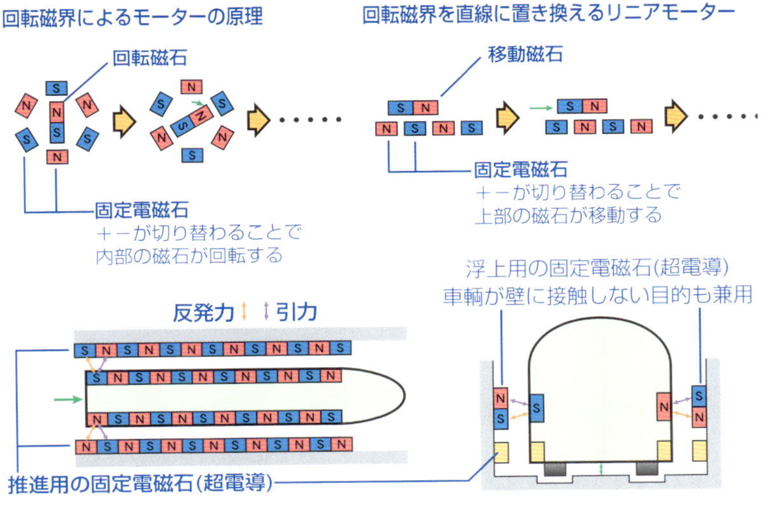
回転磁界によるモーターの原理
回転磁石
固定電磁石
＋－が切り替わることで
内部の磁石が回転する
回転磁界を直線に置き換えるリニアモーター
移動磁石
固定電磁石
＋－が切り替わることで
上部の磁石が移動する
反発力
引力
浮上用の固定電磁石(超電導)
車輌が壁に接触しない目的も兼用
推進用の固定電磁石(超電導)

ブラウン管とテレビの発明

技術が融合したブラウン管テレビ！

■ ブラウン管の発明

1897年、ブラウンは、蛍光体に電子ビームを当てて発光させる表示装置、陰極線管を発明しました。ブラウンは、電圧を測定して時間的変化をグラフとして表示するオシログラフをつくったり、無線通信技術の開発などに尽力し、マルコーニと同時にノーベル物理学賞を受賞した才人です。その功績から、陰極線管はブラウン管とよばれるようになりました。

ブラウン管は、最初は発光するしないによる白黒表示でしたが、その後の改良により、赤(Red)、緑(Green)、青(Blue)の光の３原色表示ドットを微細に並べることでカラー化に成功しました。

■ テレビの発明

音を送受信するだけだった無線ラジオ時代、目に見える画像や映像も無線で送受信しようと考える人は大勢いました。ニプコー、ベアード、ソー

【走査線技術による画像送受信の原理】

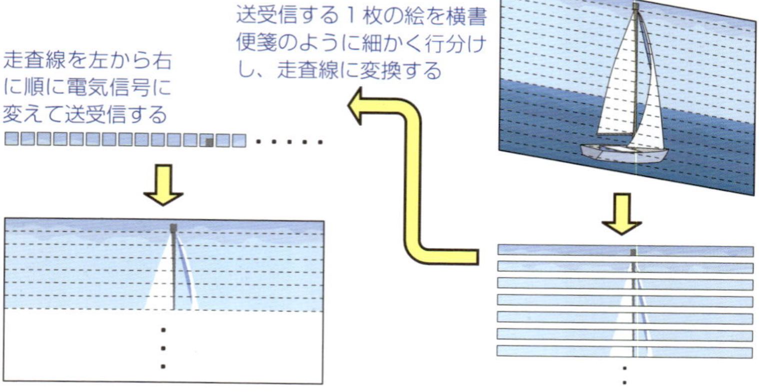
送受信する１枚の絵を横書便箋のように細かく行分けし、走査線に変換する
走査線を左から右に順に電気信号に変えて送受信する

ヤー、ルミエール、ファーンズワースらによって、テレビや映写機などがつくられていきましたが、ブラウン管ができたことで、見るに耐える画像精度のテレビ通信、テレビ放送が可能となったのです。そして、実用的なブラウン管テレビを最初につくったのは高柳で、ツボリキンも続きました。

ブラウン管とともにテレビを実現した技術に走査線があります。走査線とは、1枚の絵を横書便箋のように分解した時の1行に該当する単位です。走査線という単位に分けることで、2次元の絵を連続する電気信号に変換したのです。画像は走査線に分解されて送信され、受信したテレビ側は、横書文書を書くように、ブラウン管の左上から右下まで順になぞっていき、1枚の絵を描いたら、また左上に戻って次の絵を描くという動作を繰り返すことで、映像を表現したのです。これが、高柳が実現した画像を無線送受信するテレビの原理です。高柳が最初に送受信に成功したのがカタカナの「イ」であることは有名ですが、この時の1枚の画像走査線数は40本でした。もちろん白黒です。走査線数が多いほど画質が上がり、現行のアナログテレビ放送では525本、ハイビジョンテレビ放送では1125本です。

また、現行のアナログ放送では、1秒間に30回、画像走査が繰り返されています。つまり、毎秒30コマの画像を切り替えることで画像を映像として見せているのです。カメラのシャッタースピードを1/30[秒]以下にすると、テレビ画像がうまく撮影できないのは、このためです。

【ブラウン管テレビの基本的な構造】

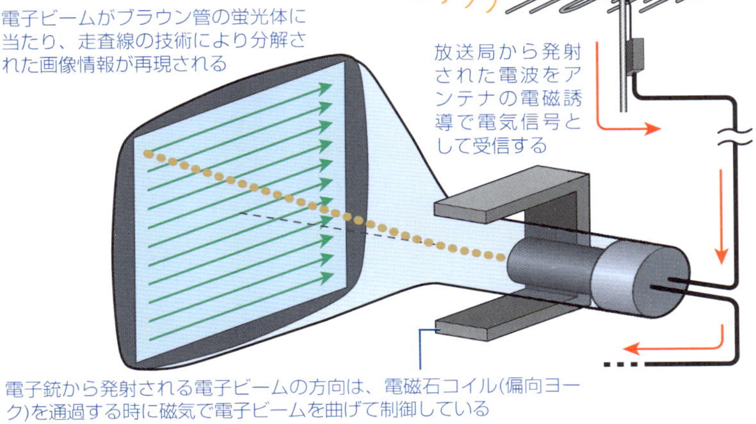
電子ビームがブラウン管の蛍光体に当たり、走査線の技術により分解された画像情報が再現される
放送局から発射された電波をアンテナの電磁誘導で電気信号として受信する
電子銃から発射される電子ビームの方向は、電磁石コイル(偏向ヨーク)を通過する時に磁気で電子ビームを曲げて制御している

液晶の発見と液晶パネルの発明

表示装置に革命を起こした液晶技術！

■ ブラウン管の終焉

ブラウン管テレビは、飛ばした電子ビームを磁気によって広角に曲げることで画像を広い面表示に展開させるため、どうしても奥行きが必要になり、軽量化や薄型化には限界があります。かつて、1画面を複数の区画に分けて電子銃を増やす、つまり、小さなブラウン管をタイル状に複数個配置することで奥行きを小さくした製品も開発されましたが、コストの問題で発売にまでは至りませんでした。

薄型テレビを実現するためにさまざまな表示方式が考えられ、現在では液晶·プラズマ·有機EL(Electro Luminescence：電圧をかけると発光する有機体起源の物質)·発光ダイオードなどを利用した表示装置(ディスプレイ)が主力となっていて、日本国内でのブラウン管テレビの製造は、2006年に終了しました。

【液晶物質の透光特性】

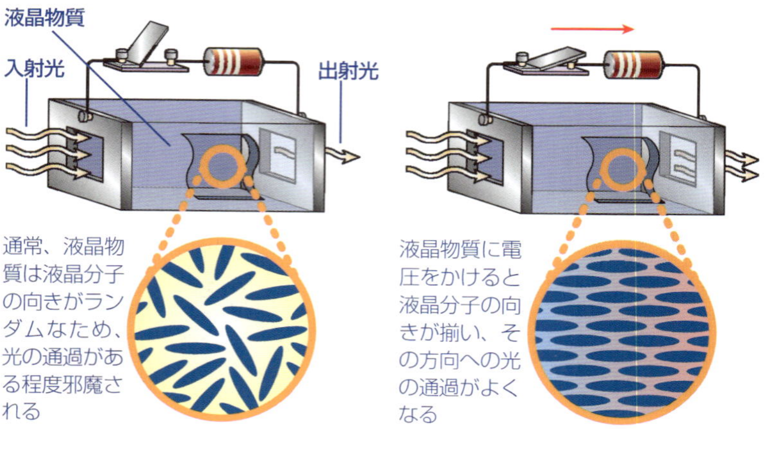
液晶物質
入射光
出射光
通常、液晶物質は液晶分子の向きがランダムなため、光の通過がある程度邪魔される
液晶物質に電圧をかけると液晶分子の向きが揃い、その方向への光の通過がよくなる

■ 液晶と液晶パネル

物質は温度により固体·液体·気体の三態をとりますが、液晶とは固体と液体の中間状態である液体状結晶(Liquid Crystal)の造語で、常温(室温である＋20°程度)で液晶となる物質のことです。液晶物質は、1888年、植物学者ライニツァーにより初めて発見されましたが、ビフェニール系分子化合物などが開発されて液晶を応用するようになるのはずっと後のことです。1963年、ウィリアムズは、電流の有無によって光が通過したり通過しなかったりする現象を発見し、ハイルマーらが液晶表示装置(LCD：Liquid Crystal Display)の研究が盛んになり、日本の電機メーカー·シャープが最初に電卓の表示器に採用しています。

現在、液晶による表示装置は液晶パネルとして製品化されているものが一般的です。液晶パネルは、表示単位となる微小な液晶素子の集合体です。この液晶素子を通過できた光のみが赤、緑、青の３原色ガラスを通ることで、カラー画像が表示される仕組みです。液晶パネルの各液晶素子は、水平偏光板と垂直偏光板で挟んであるので、あらゆる方向に振幅する一般光が侵入しても、入口で１つの方向にしか振幅しない光に抑制されるため出口を通過できません。この液晶素子に電流を流すことで、液晶分子の向きをねじ曲げ、通過する光の振幅方向を曲げることで、出口が通過できるようにします。液晶素子に電流を流すことで、透光や遮光、すなわち表示や非表示を制御しているのです。

【液晶パネルの発色制御の原理】

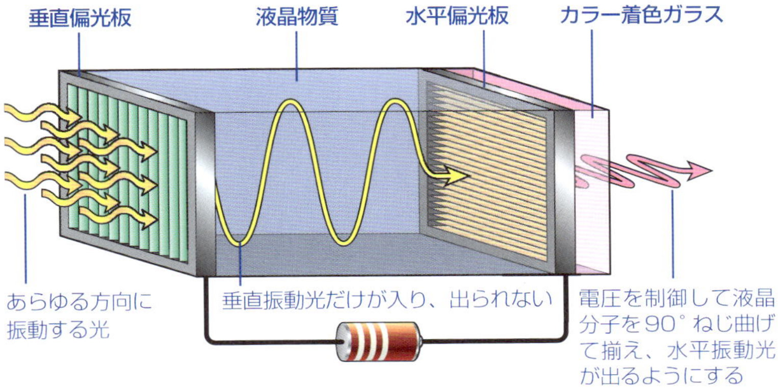
垂直偏光板
液晶物質
水平偏光板
カラー着色ガラス
あらゆる方向に振動する光
垂直振動光だけが入り、出られない
電圧を制御して液晶分子を90°ねじ曲げて揃え、水平振動光が出るようにする

Column #2

《 記録メディア 》

古くはコンピュータ用の紙製パンチカード、音楽用のレコード、写真や映像用の銀塩フィルムなど、たくさんの記録メディアがありました。しかし、再記録が可能な磁気記録メディア(磁性体の向きでデジタル信号を区別)の登場で一変します。磁気テープ、コンピュータ用のフロッピーディスクやハードディスクなどの磁気ディスクで使い勝手と記憶容量が劇的に向上しました。その後、レーザー光線で凹凸を読むようになり、コンパクトディスク(CD)、レーザーディスク(LD)、光磁気ディスク(MOD)、デジタル多目的ディスク(DVD)などが開発され、高密度化と省スペース化が加速しています。

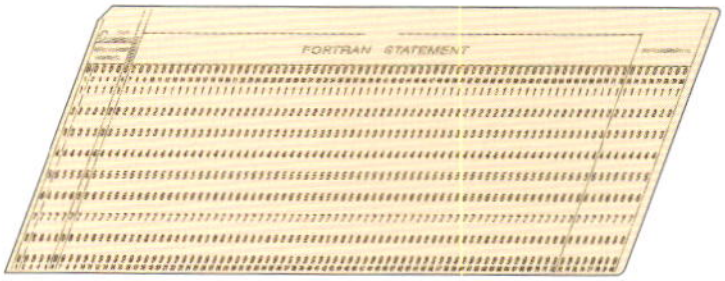

コンピュータプログラム入力用パンチカード

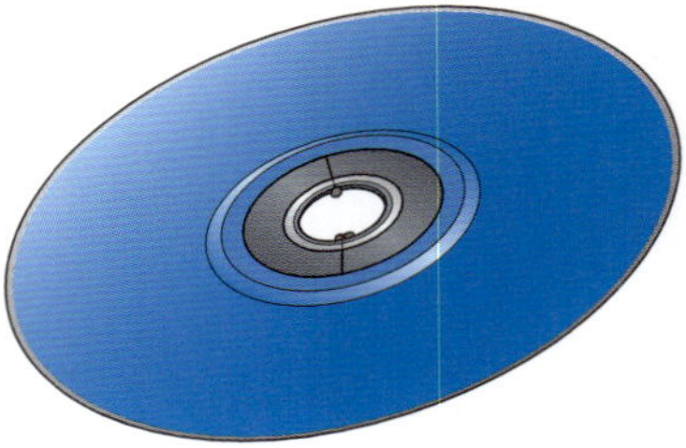
最新DVDディスク、ソニー「ブルーレイ」

《 CCDとCMOS 》

光で電子を生み出す光電効果は多くの製品や技術に応用されています。1970年頃、ベル研究所で開発されたCCD(Charge Coupled Device：電荷結合素子)は、光を電気に変換する電子素子で、ビデオカメラの核心部品です。一方、一足早く開発されていCMOS(Complementary Metal Oxide Semiconductor：相補酸化金属ダイオード)も、画像を記録する電子素子としての欠点を克服し、首位奪還に懸命です。

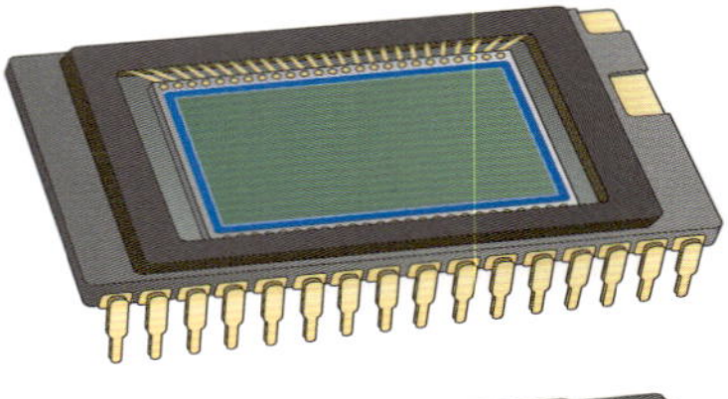

光センター素子の製品例
CCD(上:コダック)とCMOS(下:キヤノン)

第3章

電力システムと重要な電子素子

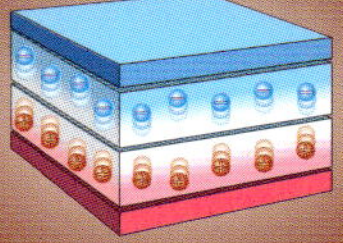

第２章では、近世から始まった電気現象の解明の歴史について、時系列でおもな発見・発明・理論に焦点を当てて見てきました。あまたの科学者・技術者らによる努力が、現代社会の基礎となっている電力システムの高度化に寄与した事実は誰も否定できないでしょう。20世紀に入り、電磁気学の裾野はさらに加速度的に広がります。特に、電子の世界が素粒子物理学や量子力学の領域にまで波及し、謎が新たな謎を生む極めて難解な世界に進んでいくことになります。

そこで、本書での電気の歴史をたどる旅は終えて、第３章以降では、現在の私たちの生活で触れる電気について、ぜひ知っておいていただきたいテーマに絞って紹介しながら、過去の開発の歴史を垣間見ることにします。この第３章では、電力システムの中核であり基本でもある発電、送電、変圧(変電)、蓄電や、さまざまな電気製品に使われる重要な電子素子などを紹介します。

発電、送電、変圧(変電)

電力システムの命運を握る発電と送電！

■ 発電

発電とは、電気以外のエネルギーを利用して発電機を動かし電気エネルギーに変換することをいいます。発電された電気はその場で使われることもありますし、発電した場所以外の所に送られて使われることもあります。

20世紀前半までの発電は、水力、蒸気機関、石炭や石油を燃やす火力が主流でしたが、近年では、原子力、太陽電池、風力など、さまざまなエネルギーが使われますし、有機物由来の遺物を燃やすバイオマス発電や、水の電気分解の逆の反応を利用する燃料電池、さらには熱電変換など、今までは使えなかった小さな力や特殊な方式の発電も考案されています。

【電力システム】

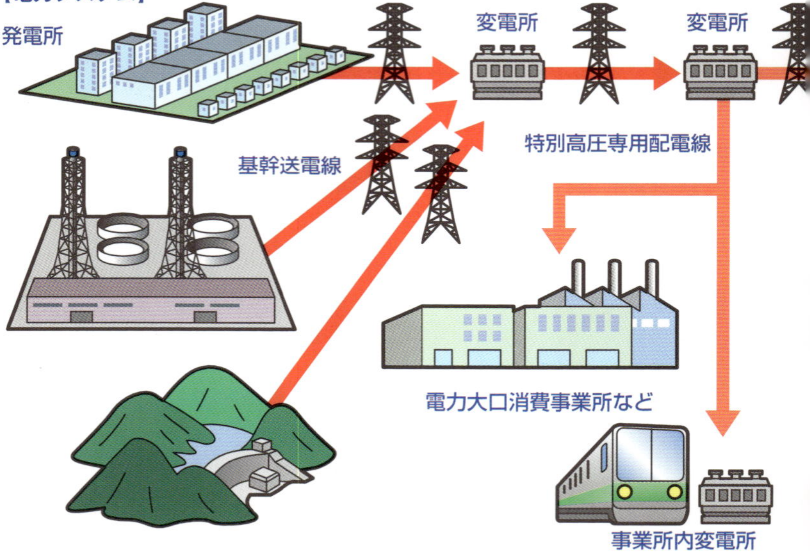
発電所
変電所
変電所
基幹送電線
特別高圧専用配電線
電力大口消費事業所など
事業所内変電所

■ 送電と変圧

電気は、発電所の発電機で発電して各地に送電して利用する場合、送電路が長くなるほど、電流が大きければ大きいほど、電圧が下がってしまいます。これは、送電路である電線が電力を消費するために起こる現象で、避けられるものではありません。実際、送電時に電線などで失われる電気エネルギーは５％程度もあります。

化石燃料が乏しくなりつつある現在、送電の効率を上げる(送電損失を軽減する)ことが、今後の技術改良の大きな課題なのです。超電導や、電線の抵抗を減らすなどの対策はありますが、もっとも現実的と考えられている電圧降下の抑制技術が盛んに研究されています。そのためには電流を少なくするのが効果的です。

電力＝電圧×電流なので、同じ電力を送電するには、電圧を上げるほど電流が減って送電損失が軽減できるので、発電所の発電機で発電した後は、電圧を100万[V]超まで上げて送電線に送り出しています。

送電は、電圧降下が少ない交流で、かつ送られた電力を使う時に電圧を下げるため、電圧を変換しやすい三相交流で行われているのが一般的です。

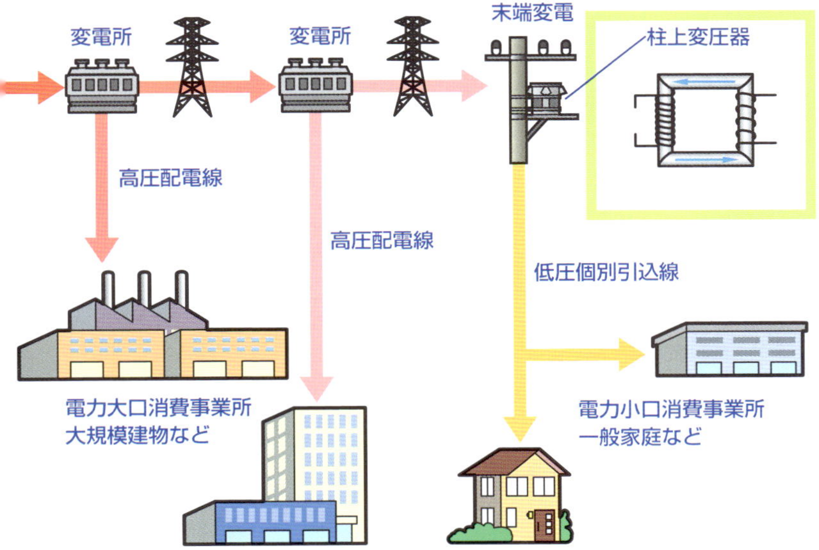

電気の不思議 3－2

発電システム(1) 水力

依然、発電効率ナンバーワンの水力！

■技術の中核は水車と水流タービン

水力発電は、水を高い所から低い所へ流れ落として水車や水流タービン(タービンとは気体や液体の圧力を機械的な回転運動に変換する機器のこと)を回し、その力で発電機を回すことで電気エネルギーを取り出す発電方式です。

発電効率(つくり出す電気エネルギー÷使用するエネルギー)は、他の発電システムを大きく引き離す80％という高変換システムです。この方式は、上側(通常はダム湖)の水量が安定していれば発電も安定して行えるので、初期の発電では主流を占めていました。

降水量が多い日本では動力源としての水が大量に手に入るため、戦後は、

【一般的な水力発電システム】

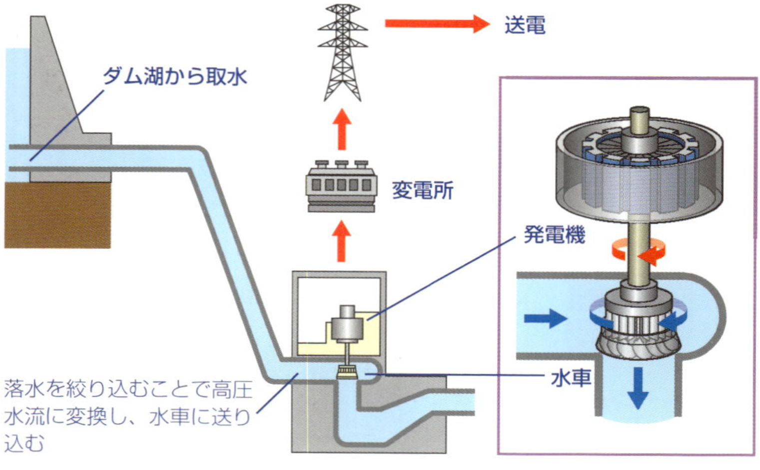

送電
ダム湖から取水
変電所
発電機
水車
落水を絞り込むことで高圧水流に変換し、水車に送り込む

富山県の黒部ダムや静岡県の佐久間ダムなど、急峻な山岳河川の地理的な有位を活かした大規模な水力発電が急増しました。

しかし、近年では、適当な場所が少なくなり、また、ダム造成は環境へのダメージが大きすぎるという世論も高まり、新たな電源用のダム建設は急減しています。

水力発電システムで一番重要な部分は、水の流れや勢いを受ける水車や水流タービンの部分で、19世紀後半からさまざまな形状が考案されましたが、現在ではほぼ３種類に集約されています。

大規模な落差(100m以上)が得られる場合は、落水を高圧水流に変えて水車に送り込むベルトン型が効率的で、中規模な落差(20m前後)が得られる場合も、落水を水流に変えて水車に送り込むフランシス型が適しており、農業用水路などの小規模な落差(数m以下)でも発電できる小型発電機(所)では、落水で直接水車を回すカプラン型や、流水を水車に当てる機構が利用されます。

【水車と水流タービンのタイプ】

中落差：フランシス型

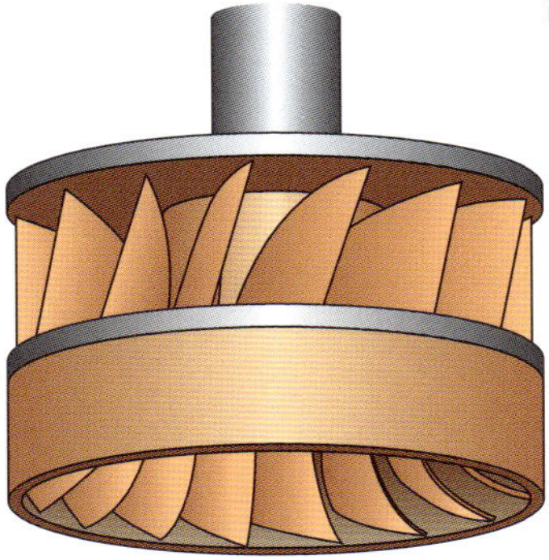

高落差：ベルトン型

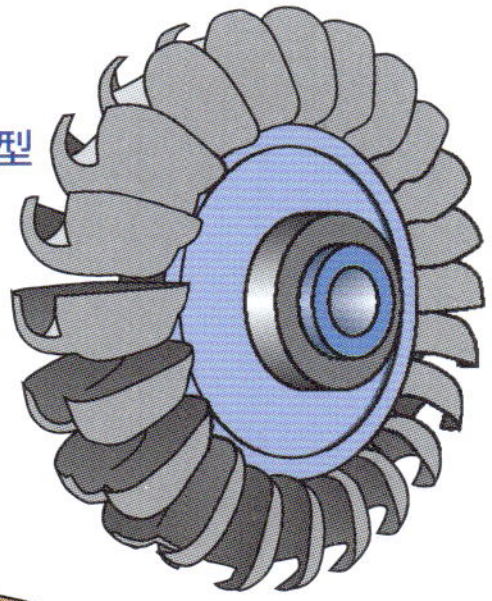

大規模な水力発電所では水車も巨大。上のイラストのように、人間の何倍もの規模にすることがある

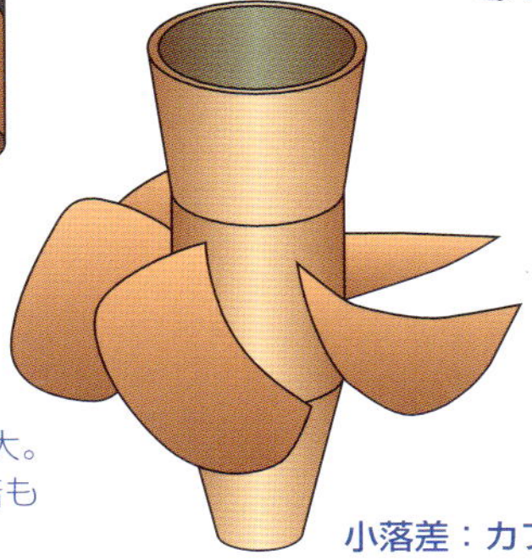

小落差：カプラン型

電気の不思議 3－3

発電システム(2) 火力

歴史が古くもっとも使いやすい火力！

■ 蒸気機関の延長線にある火力発電

火力発電は熱を使った発電方式の総称です。燃料を燃焼させた熱エネルギーで水を沸騰させて蒸気タービン(タービンとは気体や液体の圧力を機械的な回転運動に変換する機器のこと)を回すことで、発電機を回して電気エネルギーを取り出す発電方式です。火力発電システムは、かつての蒸気機関の延長線上にあるシステムといえるでしょう。

燃料は、原理的には、石油·石炭·天然ガス·木材·紙·ゴミなど、燃えるものなら何でも使えますが、発電効率や実用性の問題から、石炭や重油、二酸化炭素の排出量が比較的少ない天然ガスが使われています。

【一般的な火力発電システム】

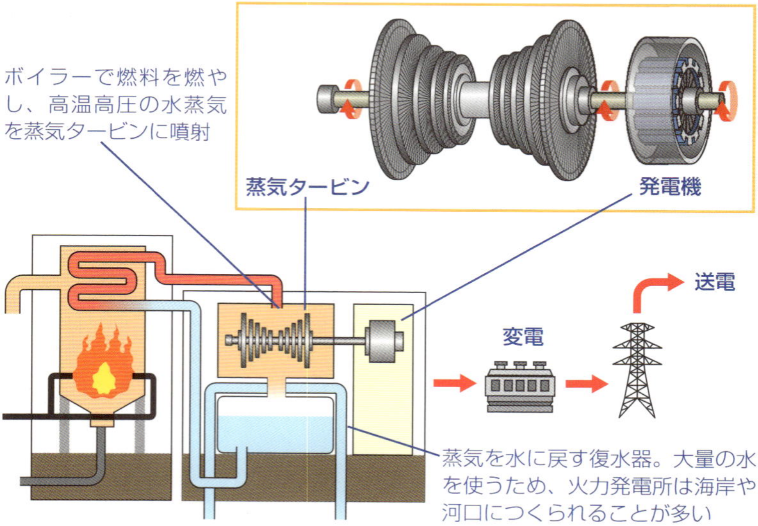
ボイラーで燃料を燃やし、高温高圧の水蒸気を蒸気タービンに噴射
蒸気タービン
発電機
送電
変電
蒸気を水に戻す復水器。大量の水を使うため、火力発電所は海岸や河口につくられることが多い

火力発電は、発電の立ち上げや電力の出力調整が比較的容易なので、商用発電の主力であり、また広域で大規模な電力調整に重宝されています。しかし、近年の温暖化(温室効果)に悪影響を及ぼす二酸化炭素の排出量が多く、その削減技術の開発が急がれています。

■ コジェネレーションシステム

蒸気タービンを回した高温の水蒸気や熱水は、水として循環再利用するため、わざわざ大量の海水や河川水を利用して冷却し、復水しています。それに費やすエネルギーも小さくはありませんし、復水に使った冷却用水を海や河川に戻すことで、水温の上昇をもたらし、生態系への悪影響も指摘されています。

そこで、火力発電所特有の排熱を地域冷暖房や給湯に利用するコジェネレーション(電熱供給)システムの導入が進んでいます。さらに、後述するガスタービン発電と組み合わせたコンバインド発電システムが開発されています。ガスタービンを回した高温高圧の水蒸気で蒸気タービンを回して2度目の発電をするというシステムで、火力発電所での発電効率(つくり出す電気エネルギー÷使用するエネルギー)を、従来の40％程度から最大50％程度まで引き上げることに成功しています。

【コジェネレーションシステム】

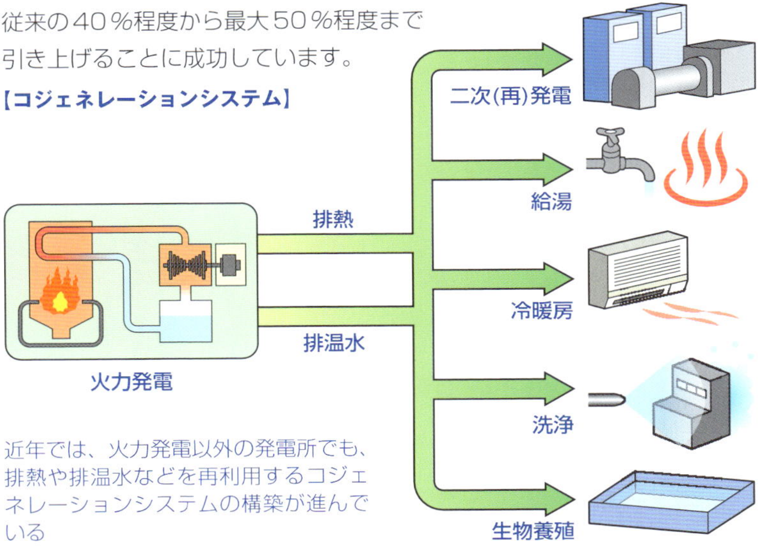

近年では、火力発電以外の発電所でも、排熱や排温水などを再利用するコジェネレーションシステムの構築が進んでいる

電気の不思議 3－4

発電システム(3) 内燃機関とガスタービン

自動車や航空機の技術を利用したエンジン系！

■ 内燃機関発電

内燃機関発電とは、ガソリンエンジンやディーゼルエンジンなどの内燃機関(発動機、原動機)内部の燃焼熱や爆発力を利用して動力を得、発電機を回して電気エネルギーを取り出す発電方式です。

おもに、事業所が自家発電として利用していますが、電力会社に支払う電力料金のうちの基本料金を抑制する目的から、最大電力を抑制するピークカット用にだけ利用している事業所もあります。また、屋外での使用目

【ガソリンエンジンとディーゼルエンジンによる発電】

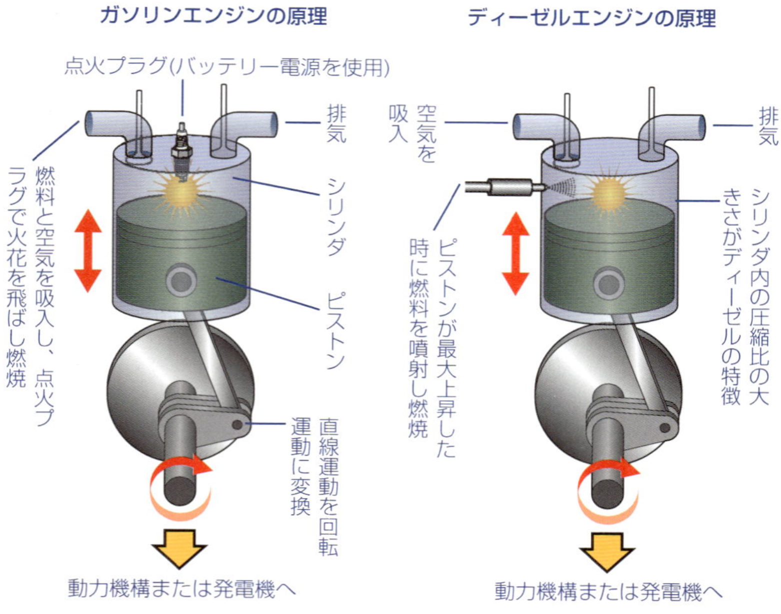

ガソリンエンジンの原理
点火プラグ(バッテリー電源を使用)
排気
燃料と空気を吸入し、点火プラグで火花を飛ばし燃焼
シリンダ
ピストン
直線運動を回転運動に変換
動力機構または発電機へ
ディーゼルエンジンの原理
空気を吸入
排気
ピストンが最大上昇した時に燃料を噴射し燃焼
シリンダ内の圧縮比の大きさがディーゼルの特徴
動力機構または発電機へ

的で、持ち運び可能な小型発電機用に開発されている製品も数多くあります。

内燃機関発電は、必要な時に必要なだけ電力が取り出せ、動力を直接利用しつつ、余ったエネルギーを発電·充電に回すことができるため、産業用、民生用問わず、多くの製品があります。

ただし自家発電の場合は、発電機の整備や燃料の調達は自ら行わなければならないため、すべての事業所で導入できる発電方式ではありません。最近では法律の改正もあり、整備、燃料調達、発電設備設置などを一括して請け負い、電力のみ供給する形態の業者も存在します。

■ ガスタービン発電

ガスタービンとは、圧縮した空気を燃焼させて加熱し、発生する高温高圧の気体を吹き付けて回す内燃機関の一種で、ガスタービンの回転力で発電機を回して電気エネルギーを取り出す発電方式です。ジェット機のターボエンジンも同様のシステムです。

ガソリンエンジンやディーゼルエンジンに比べて、小型で高出力が得られ、高温高圧の排気ガスも比較的クリーンで他の用途に転用できる長所がある反面、電力の出力調整が難しく、また発電効率も落ちるという短所もあります。しかし、都市ガスなどを利用したマイクロガスタービンに対する電気事業法の規制緩和が行われたことをきっかけに、都市部を中心に、一部で導入されています。

【ガスタービンの主構造】

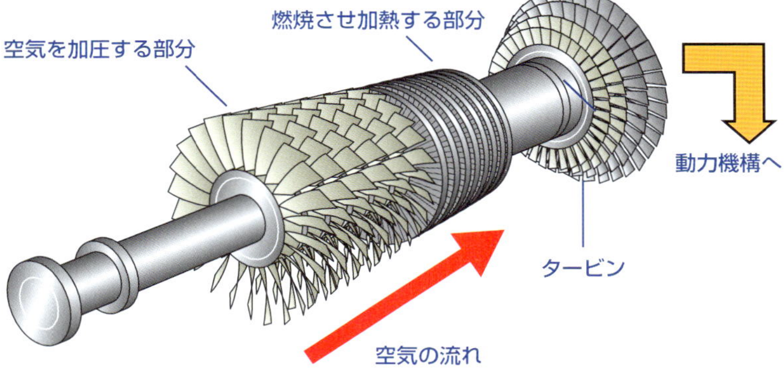
燃焼させ加熱する部分
空気を加圧する部分
動力機構へ
タービン
空気の流れ

電気の不思議 3－5

発電システム(4) 原子力

放射能との戦いが続く、両刃の剣の原子力！

■ 原子力の原理

原子力発電は、核分裂という原子力エネルギーで熱エネルギーを得、水などを沸騰させて蒸気タービンを回し、発電機を回して電気エネルギーを取り出す発電方式です。

例えば、ウラン235という特殊な放射性原子に中性子を当てると、原子核が2つに分裂し、それぞれ別の原子に変わります。その際、莫大な熱エネルギーと中性子2～3個が放出されます。放出された中性子の1つを別のウラン235原子に当てて同じ核分裂を起こさせることで、核分裂反応を繰り返すことができます。このような核分裂反応の連鎖により、少ない核燃料から莫大なエネルギーを取り出すのが原子力です。

資源小国日本にとって救世主的な発電方式であり、今では全発電量の3

【加圧水型の原子力発電システム】

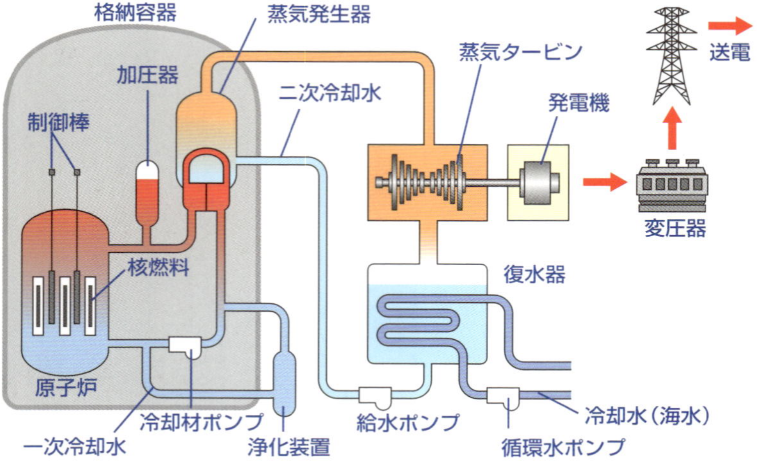

分の１強をまかなうまでになっています。しかし、短所も数多くもっています。まず、核分裂の際に出る中性子は速すぎて核分裂を連鎖させるには不向きなため、減速材で中性子の速度を落とし、中性子の量を調整するため制御棒を使わなければなりません。電力の出力調整も難しいので、一定出力で連続運転せざるを得ないのが一般的です。そして一番の問題は、核燃料の燃え残りや核反応に伴う放射性のごみです。放射性物質から放射される貫通性の極めて高い放射線を浴びれば、生物の細胞は遺伝子レベルで破壊され致命傷となり得ます。

原子力発電所で発生するさまざまな放射性物質(放射性廃棄物＝放射能のゴミ)は、数千万年から、長いものでは数十億年にも渡って放射線を放出し続けるというたちの悪い凶器です。原子力発電は、まさしく両刃の剣の発電方式といえるのではないでしょうか。上手に付き合っていくことが求められています。

このほか日本では、燃料を節約できるプルトニウムを使った高速増殖炉「もんじゅ」を実証試験中ですが、信頼性や技術面で未完成の部分があり、本格的な発電にかかれるのはいつになるのか見えていません。

【原子力エネルギー】

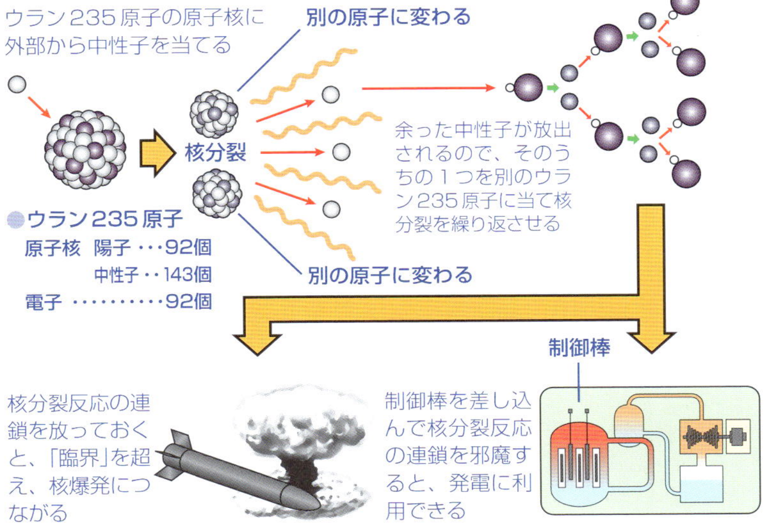
ウラン235原子の原子核に外部から中性子を当てる
別の原子に変わる
核分裂
余った中性子が放出されるので、そのうちの１つを別のウラン235原子に当て核分裂を繰り返させる
ウラン235原子
原子核　陽子・・・92個
中性子・・143個
電子 ・・・・・・・・・・92個
別の原子に変わる
制御棒
核分裂反応の連鎖を放っておくと、「臨界」を超え、核爆発につながる
制御棒を差し込んで核分裂反応の連鎖を邪魔すると、発電に利用できる

電気の不思議 3−6

発電システム(5) 太陽電池と風力

エネルギーの切り札になれるか、太陽電池と風力！

■ 太陽電池(ソーラーセル)による太陽光発電

太陽電池は、光起電力(光電効果の一種。114ページ参照)を利用して太陽光エネルギーを電気エネルギーに変換する素子です。太陽電池自体が発電機の機能を果たすので機械機構が不要になり、排出物もないので、太陽光発電は、現在もっとも期待されている発電方式の1つです。1950年代にベル研究所の科学者によって最初の発電素子がつくられました。

平均的な発電効率のソーラーセル(太陽電池)1[m²]は1年で100[Wh]ぐらい発電できます。ソーラーセル(太陽電池)の面積が大きければたくさん発電できますが、ソーラーセルおよび設置費用の初期投資との兼ね合いもあるので、一般家庭では、10～30[m²]、1000～3000[Wh]程度のソーラーセルが設置されています。この規模の一般家庭用ソーラーセルの設置費用は、240万円程度まで下がっています。

【シリコン半導体型太陽光発電の原理】

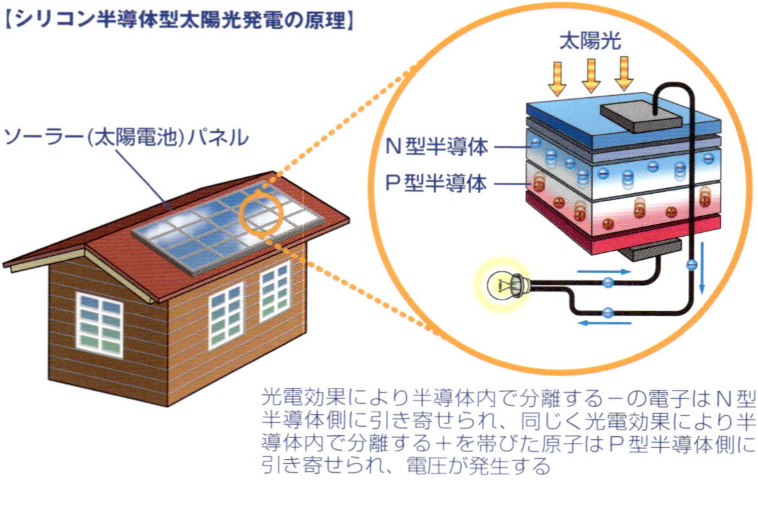

光電効果により半導体内で分離する−の電子はN型半導体側に引き寄せられ、同じく光電効果により半導体内で分離する＋を帯びた原子はP型半導体側に引き寄せられ、電圧が発生する

また、現在主流のシリコン半導体型太陽電池(半導体については156、166ページ参照)の他に、発電効率の高い化合物系太陽電池や、製造費用の大幅な削減が見込まれる有機物系太陽電池の研究開発も進んでいます。

■ 風力発電

風力発電は、風を受けた羽根(風車)が回ることで、機械エネルギーで発電機を回して電気エネルギーを取り出す単純な発電方式です。

大型発電用としては水平軸のプロペラ型がもっとも多いですが、用途に応じて垂直軸のかご車型も使われます。ここ10年の間に、世界各地で多くの大型風力発電機が敷設されました。

風力発電では大がかりなシステムも不要なので初期投資はそれほどかかりませんが、風がなければまったく発電できず、風が強すぎても羽根や発電システムへの負荷が過大になり発電を止めざるを得ないこと(改良研究は続いています)、また、支柱の高さが100mを超える大規模な風車では落雷の危険が高まるなど、欠点もあります。

また最近では、大型風車群による景観破壊、住宅街の近くにある場合では騒音や定周波振動の影響があるなどの問題もクローズアップされるようになり、普及の速度はやや緩やかになってきた感があります。

【風力発電の基本原理】

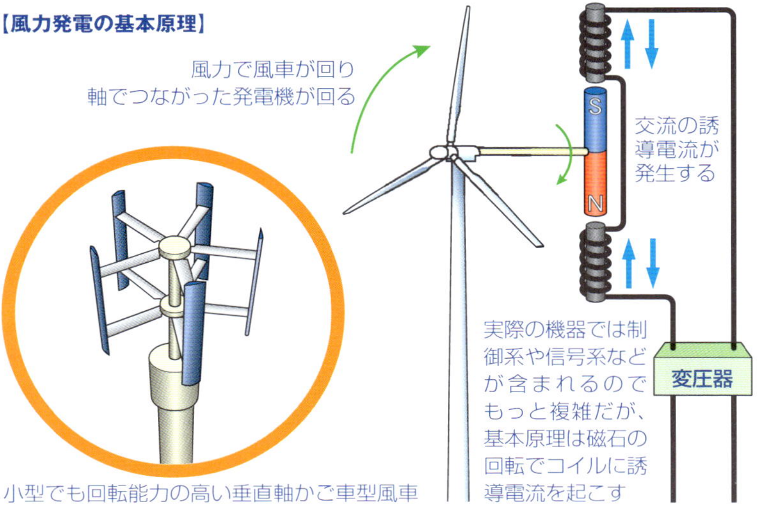
風力で風車が回り
軸でつながった発電機が回る
S
N
交流の誘導電流が発生する
実際の機器では制御系や信号系などが含まれるのでもっと複雑だが、基本原理は磁石の回転でコイルに誘導電流を起こす
変圧器
小型でも回転能力の高い垂直軸かご車型風車

発電システム(6) 燃料電池

アイデアは100年以上前から！

■ 燃料電池の原理

燃料電池は水の電気分解の逆の原理により、電解質の液体などに水素と酸素を供給して起電させる発電機です。1839年、グローブがその原型の

【燃料電池による発電の原理】

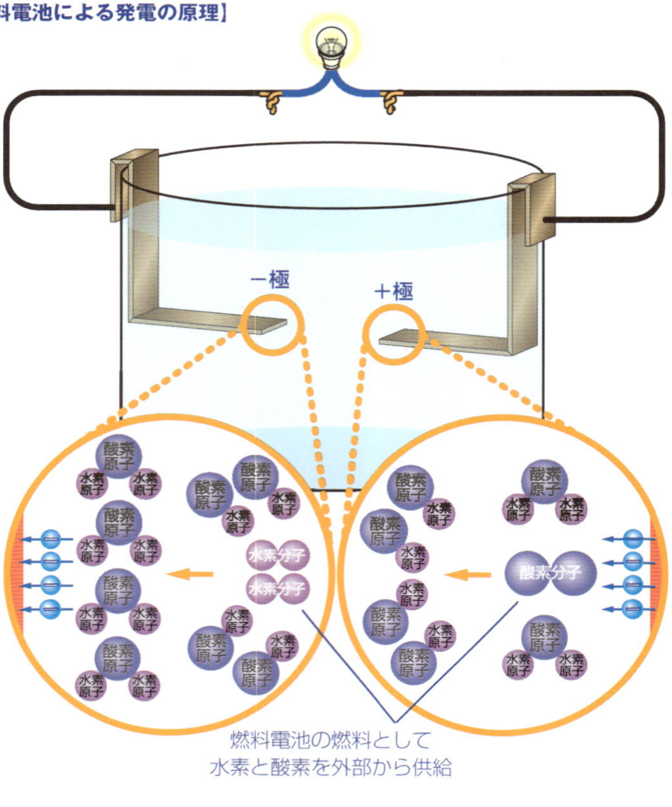

－極
＋極
酸素原子
水素原子
水素分子
酸素分子
燃料電池の燃料として
水素と酸素を外部から供給

アイデアを発表しています。電池と同様の構成なので「電池」と命名されましたが、実体は発電機です。機械的な稼働部分がないので、音が静かで、故障が少なく、排気物が水蒸気だけ、さらに発電効率も高い、という画期的な発電方式です。また、発電反応時には熱も発生するので、これを利用することで、効率的なエネルギーの取り出しが可能になっています。車載用をはじめ、次世代の動力源として小型化の研究が急速に進んでいます。

燃料電池の燃料である酸素には空気を使えばいいし、もう１つの燃料である水素は、百数種類もある元素の中で一番軽い(原子数の少ない)元素で、世の中にたくさん存在し、メタンガスや天然ガスなどから簡単に生成する技術も確立しています。

導入費用はまだ高額ですが、プロパンガスや都市ガスを利用した燃料電池ユニットが市販されていますし、ノートパソコンや携帯電話への搭載を想定した小型燃料電池も開発されています。太陽電池発電と並ぶ新エネルギーのホープでしょう。

【車載用燃料電池による発電の原理】

左ページのイラストは、70ページで紹介した水の電気分解の実験を十分な時間行った後で、回路の電池を電球に変えると、電流が発生して電球が点灯する様子を示したもの。これは、水の電気分解の化学反応を逆にたどるもので、燃料電池による発電の基本的な原理である。これは、水酸化物を介する方法なのでアルカリ型燃料電池という。一方、現在、車載用などで使われている燃料電池は、水素を介する方法を採用していて、固体高分子型などとという

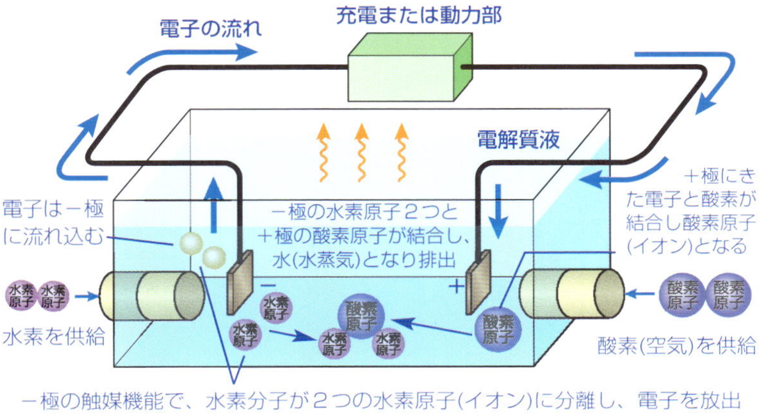

電子の流れ
充電または動力部
電解質液
電子は－極に流れ込む
－極の水素原子２つと＋極の酸素原子が結合し、水(水蒸気)となり排出
＋極にきた電子と酸素が結合し酸素原子(イオン)となる
水素原子
水素原子
水素を供給
－
＋
水素原子
酸素原子
酸素原子
酸素原子
酸素(空気)を供給
－極の触媒機能で、水素分子が２つの水素原子(イオン)に分離し、電子を放出

電気の不思議 3−8

発電システム(7) その他

まだまだある発電システム！

■ 地熱発電

地熱発電は、地中熱エネルギーを利用して水を沸騰させ、蒸気タービンを回して発電機を回し電気エネルギーを取り出す発電方式です。

蒸気や熱水が溜まっている場所で井戸を掘って蒸気を取り出すので、燃料が不要で、火山の多い日本に適した発電方式です。ただし、適地が火山地帯の麓など、温泉観光地にあることが多いため、自然保護との兼ね合いが難しいことや、発電コストが高いことなどが障害となり、設置は地域的な偏りが大きいのが現状です。

■ 波力発電、潮力発電

周囲を360°海に囲まれた日本では、海水の力学的エネルギーを利用した発電システムの研究･開発も続けられています。

波や潮汐の水圧や水の位置エネルギーを利用した発電は、小規模のものはすでに実用化されています。例えば、船舶航行用ブイの照明や無人気象

【波力発電システムの例】

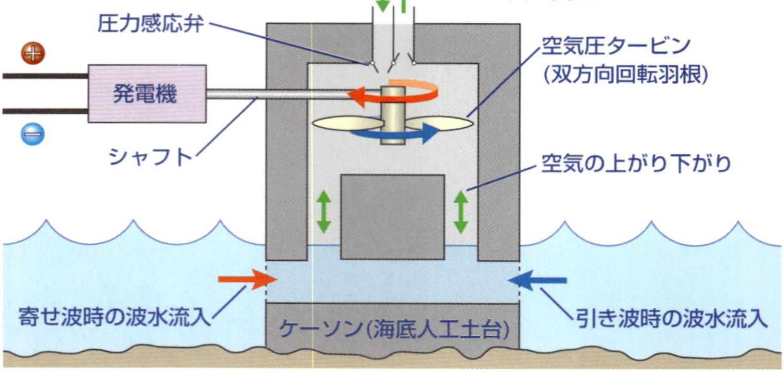

空との空気の出入り
圧力感応弁
空気圧タービン
(双方向回転羽根)
発電機
シャフト
空気の上がり下がり
寄せ波時の波水流入
ケーソン(海底人工土台)
引き波時の波水流入

観測器の電源などは、付近の波力や潮力による自家発電でまかなっています。生活用や産業用の電源として利用する目途は立っていませんが、無尽蔵にあるエネルギーとして、将来性は残っています。

■ バイオマス発電

家畜の糞を発酵させてメタンガスを取り出しタービン発電機の燃料にするものや、端材や食品残さなどの生物資源を燃料にする火力発電などがあります。

大規模で効率的な運用は困難ですが、今後、資源循環型社会の一翼を担うことを期待されています。

■ その他の発電

鉄道、電気自動車、ハイブリッドカー、電気アシスト自転車などで採用されているブレーキ回生発電があります。自動車で坂道を下る時のエンジンブレーキもそうですが、制動(減速)時は車軸につながる電気モーターが無駄な空回り(慣性回転)をしているだけです。

そこで、電気モーターが発電にも使えることを利用して、慣性回転が発生する時は、電気モーターを発電機に切り替えて発電するという原理です。走行中の回転エネルギーを利用する発電(自転車のライトなど)とは異なり、ブレーキ回生発電は、余ったエネルギーを再利用する意味で、「回生」とよばれています。

【ブレーキ回生発電の利用例】

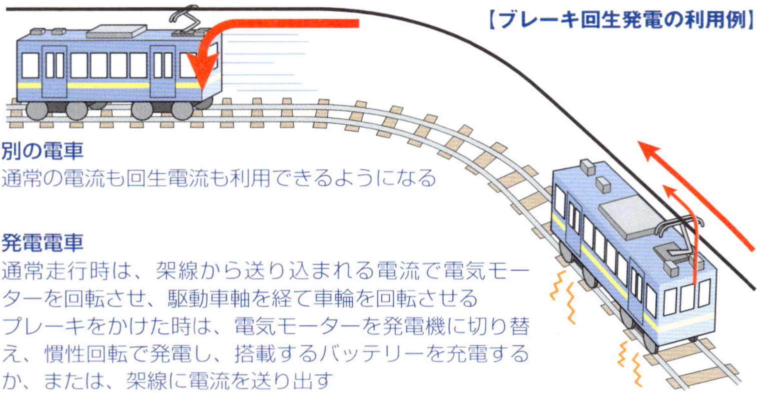
別の電車
通常の電流も回生電流も利用できるようになる
発電電車
通常走行時は、架線から送り込まれる電流で電気モーターを回転させ、駆動車軸を経て車輪を回転させる
ブレーキをかけた時は、電気モーターを発電機に切り替え、慣性回転で発電し、搭載するバッテリーを充電するか、または、架線に電流を送り出す

電線

高度な技術が隠れる立役者、電線！

■ 電線とケーブル

電力システムの中では、地味ながらも重要な役割を担うのが電線です。電線は、その開発の歴史を追うと、鉄製の単線で始まり、２本の銅線の撚《よ》りつい線(ねじり編み)、中心部が鋼の複線、周辺部にアルミニウムの複線を配した２層集合線、異種金属の複線の間に耐熱材料を挟み込んだ多層集合線、さらに、電線を何本かまとめ、ビニールやゴムの被覆で絶縁したケーブルなどが開発されてきました。また、ケーブルに傷が付かないように保護したり外観を良くするため、電線管などが使われています。

■ 電線に流れる電流量と送電損失

電線を使った送電では、電線自体の電気抵抗によって電力が消費(発熱)され、電力の送電損失が発生します。

【電線の性能向上の変遷】

通常、電子は原子核にとらえられていて、原子は電気的に中立だが、原子に外部からエネルギーが与えられると、自由電子が飛び出して電流となる。自由電子が飛び出しやすい銅などの金属は、常温の熱エネルギーだけでも自由電子が出やすい状態になるので、電気を非常に通しやすい導体である

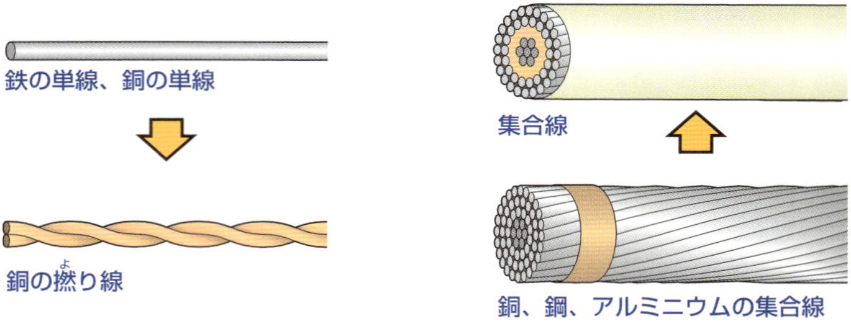
鉄の単線、銅の単線
銅の撚《よ》り線
銅、鋼、アルミニウムの集合線
集合線

オームの法則：電圧＝電流×抵抗と、電力＝電流×電圧から、電線での電力消費(発熱量)すなわち送電損失は、

電力消費(発熱量)＝送電損失＝電流^2×抵抗

となり、送電損失を軽減するには電流と抵抗を減らすことが重要です。電流を減らすには、電力＝電流×電圧なので、電圧を上げれば少ない電流でも同じ電力を送れることになります。したがって、長距離送電では100万[V]を超える高電圧で送電しているのです。

電気抵抗を減らすにはいくつか方法があります。電線の電気抵抗は電線を構成する金属の電気伝導率の影響が大きいので、現在は、電気伝導率がよい銅、軽いアルミニウム、強い鋼(炭素分の多い鉄)の組合せでつくられるものが多くなっています。電線の電気抵抗はまた、電線の長さ(送電路の距離)に比例し、電線の断面積の２乗に反比例します。したがって、短くて太い電線が有利ですが、電線の長さは送電路の距離で決まってしまうので、調整には限界があります。一方、電線の太さも、太いほど使う金属の量が増えてコストがかかり、また、電線が重くなって、送電支柱などの送電路を維持する設備のコストがかかってしまいますので、これにも限界があります。

以上から、最近では、価格、重さ、耐熱性、耐伸縮性、引っ張り強度などを勘案して、断熱材料を挟んだり、中心部の鋼線の周囲に銅やアルミニウムの層を付着させたりした電線などが開発されています。また、超電導技術を使った送電損失ゼロを目指した研究も続いています。

【超電導送電システム構想】

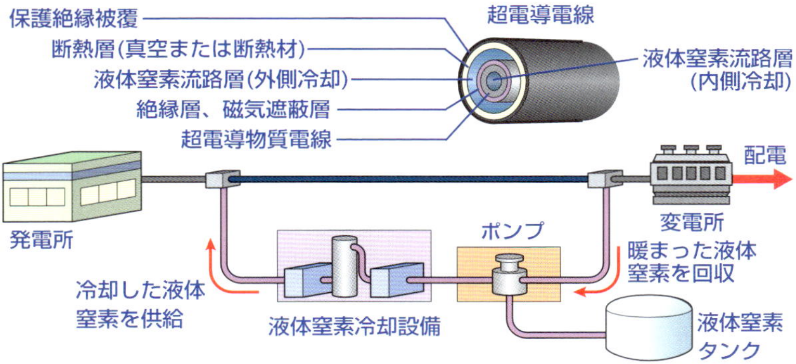

変圧器(トランス)と変電

送電システムの便利屋、変圧器！

■ 変圧器(トランス)の原理

前述したように、送電による電気エネルギーの損失は、おもに電線の電気抵抗による発熱なので、電流が多いほど、また送電距離が長いほど、送電損失は大きくなります。そこで、発電所の発電機で発電した電気エネルギーを送電する際は、一般的には交流電流を高い電圧で送電します。送電する電気エネルギー(電力＝電圧×電流)は一定ならば、電圧を高くすればするほど電流が小さくなって送電損失が軽減できるからです。

しかし、発電所の発電機で発電できる電圧はそれほど高くはないので、発電所では変圧器(トランス)を使っていったん電圧を上げてから送電を開始しています。そして、送電先各地で需要家に配電する時は、その用途に合わせて電圧を下げます(変圧、変電)。

そこで、交流電流の送電に欠かせないのが交流用変圧器です。その内部構造によって、復巻や単巻などいろいろな種類がありますが、重要な性能

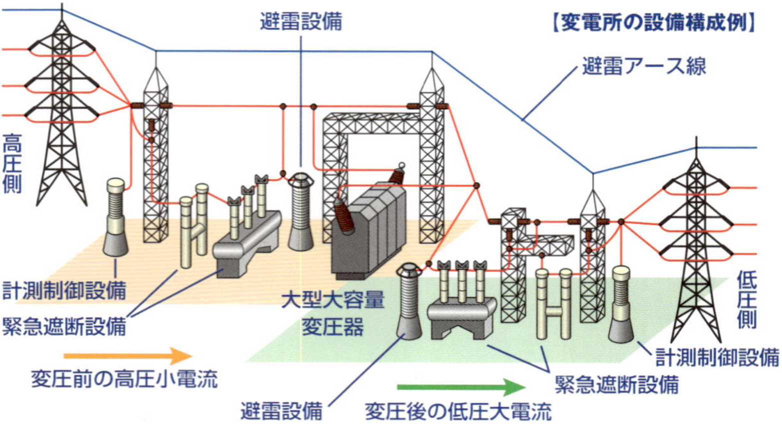
【変電所の設備構成例】
避雷設備
避雷アース線
高圧側
計測制御設備
緊急遮断設備
大型大容量
変圧器
低圧側
計測制御設備
緊急遮断設備
変圧前の高圧小電流
避雷設備
変圧後の低圧大電流

は、どの程度の電力を変圧できるかという容量(単位[kVA])と変圧比です。

交流用変圧器は、入力に使う方を一次側、出力に使う方を二次側、一次側と二次側の比を変圧比といい、変電所で使うような大容量高変圧比なものから、電子回路で使う小容量低変圧比のものまでさまざまですが、ほとんどの容量、変圧比の変圧器が商品化されており、特注も可能です。

また、変圧器は、定格の容量を超えて使うと熱で焼けてしまいます。どの程度の電気機器を使えるかは、接続したい電気機器の消費電力の合計と、同時に稼働する電気機器の消費電力から算定します。

なお、相互誘導の項で紹介しましたが、変圧器(トランス)の原型を完成させたのは、ゴラールやギブスらで、19世紀末のことです。

■ 変電設備

変電設備には、発電所で電圧を上げる設備に始まり、100万[V]超の高電圧を数万[V]程度まで下げる超高圧変電所、さらに電圧を下げる一次変電所や二次変電所、大口需要家(工場、大型ビル、鉄道会社など)に配電する配電変電所、電柱から引込線経由で小規模工場や一般住宅に100～200[V]を配電する柱上変圧器などがあります。

一般的な高圧変電所でも、避雷対策、過電流対策などを万全にした上で、運用経費を抑えるため、遠隔監視による無人運転が行われています。

【柱上変圧器の構造例】

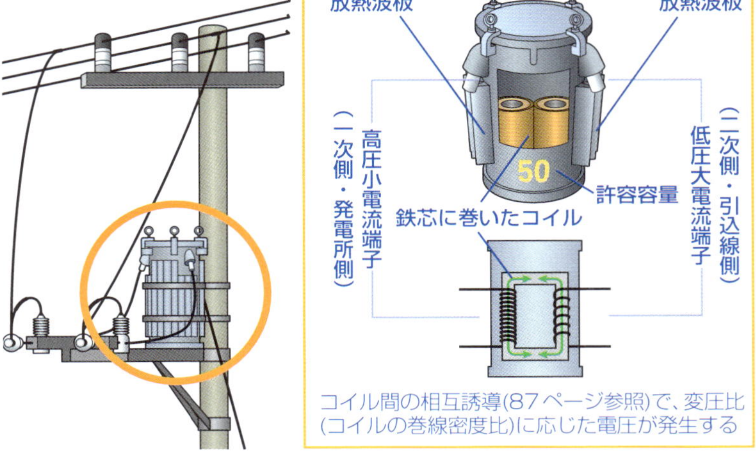
放熱波板
放熱波板
高圧小電流端子
(一次側・発電所側)
低圧大電流端子
(二次側・引込線側)
50
許容容量
鉄芯に巻いたコイル
コイル間の相互誘導(87ページ参照)で、変圧比(コイルの巻線密度比)に応じた電圧が発生する

電池と充電、蓄電

電池のさらなる進化が地球を救う！

■ 電池の歴史を振り返る

電池は、発電機でもあり、蓄電機でもあり、充電機でもある機能や特性を持ち、現代文明を支える重要な科学技術の結晶ともいえます。第２章で、電池の父であるボルタ電池を紹介しましたが、ここで、電池の歴史を簡単に振り返ってみましょう。

1791年のガルバーニによるカエルの足の実験をきっかけとして、1799年、ボルタがボルタ電堆(電池)をつくり、ダニエルがボルタ電池を改良しました。

その後、時間はかかりましたが、19世紀に入り、ルクランシュ(マンガン乾電池の原型となる)や屋井が現在の乾電池の原型ともいえる電池を開発しました。

その他にも、ティーボウ、ガスナー、ヘレセンス、エバレンスらによっ

【初期の電池】

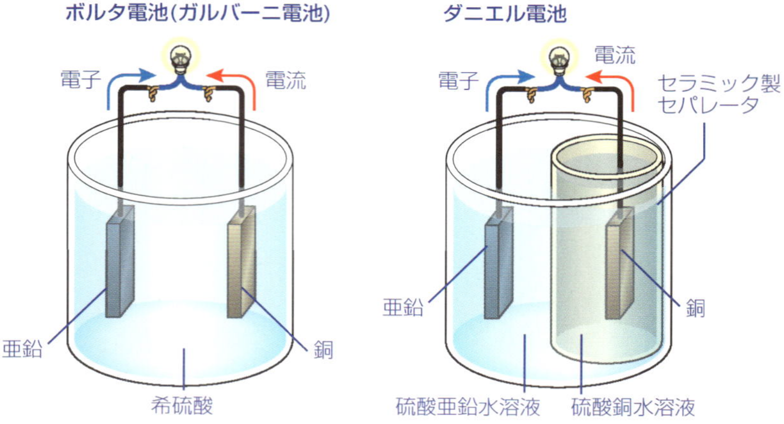
ボルタ電池(ガルバーニ電池)
電子
電流
亜鉛
銅
希硫酸
ダニエル電池
電子
電流
セラミック製
セパレータ
亜鉛
銅
硫酸亜鉛水溶液
硫酸銅水溶液

て、新しい型の電池が開発されては、また改良されていきました。しかし、コストや得られる電圧の大きさの問題から、電磁気の実験では、ライデン瓶やボルタ電池が引き続き使用されることもありました。

しかし、20世紀に入ると、ユングナーやエジソンらが大型の蓄電池(アルカリ乾電池の原型となる)をつくることに成功し、電気をつくる電池から、電気を貯める蓄電池、発電機の起動に使うバッテリーなど、数多くの種類の電池製品が次第に揃うことになります。

■ 電池の種類

電池の構造を単純化すれば、＋極導体、－極導体、電解質溶液、端子から成っています。

電池は、大きく化学電池(ほとんどの電池)と物理電池(太陽電池など)に分けられ、化学電池は、使い切りの一次電池、再充電できる二次電池(蓄電池、バッテリーともいう)、そして燃料電池に分けられています。

一次電池には、乾電池･ニッケル電池･ボタン電池･空気電池などがあり、二次電池には、ニッケルカドミウム電池･ニッケル水素電池･リチウムイオン電池･ポリマー電池･鉛蓄電池(自動車搭載用バッテリー)などがあります。

なお、無停電電源装置(CVCF、UPS)など、電力システムのバックアップ用としても、電池は活躍しています。

ルクランシュ電池(マンガン乾電池の原型)

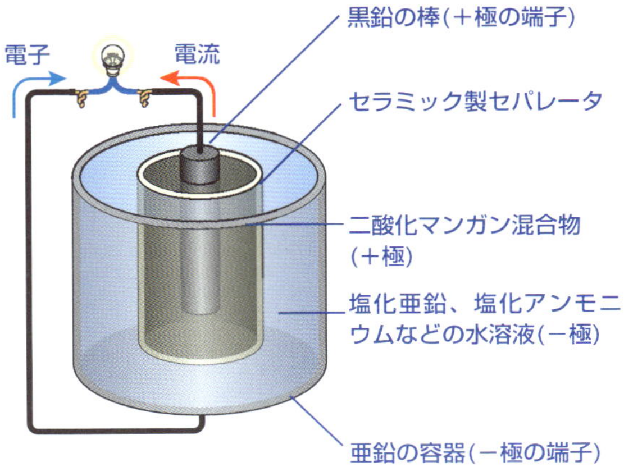
電子
電流
黒鉛の棒(＋極の端子)
セラミック製セパレータ
二酸化マンガン混合物(＋極)
塩化亜鉛、塩化アンモニウムなどの水溶液(－極)
亜鉛の容器(－極の端子)

許
特
閉密
屋井乾電池

屋井式乾電池の例
乾電池は、日本の時計技師である屋井先蔵が1885年に最初に実用化したとされる

乾電池、充電池

一次電池から二次電池へ、省エネ電池の時代へ！

■ 乾電池、充電池

乾電池は化学電池に分類され、一般的には円筒形の形状で製品化されたものを指します。乾電池という呼称は、電解質の溶液を極剤やセパレータに浸潤または混入させて扱いやすくしたことから、そうよばれています。

一般の乾電池には単３形や単４形などの種類がありますが、この「単」とは、＋－の発電極が１対の「単層」という意味です。かつてのボルタ電堆のように、１つの乾電池では大きな電圧が出ない場合、電池を複数個、直列に接続する複層化は必然の技術でした。今でも、角形の乾電池には1.5[V]×６層＝９[V]などの製品があります。

それと、単３形や単４形などの数字は電池容量(電流×発電時間)の大き

【乾電池の一般構造】

	マンガン乾電池	アルカリ乾電池（正式名称はアルカリマンガン乾電池）	オキシライド乾電池
種　類	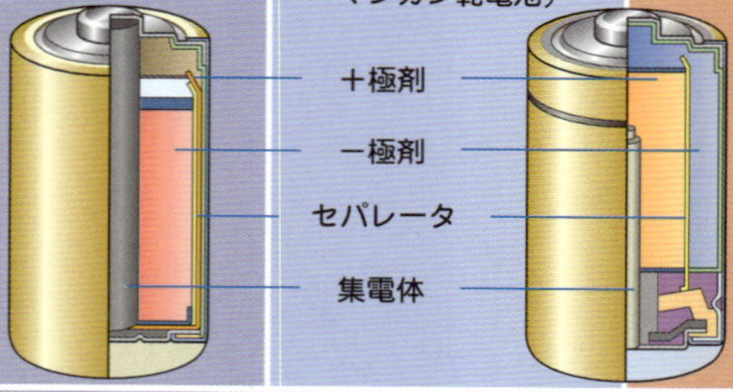		
＋極剤	二酸化マンガン	二酸化マンガン 黒鉛	二酸化マンガン 黒鉛 オキシ水酸化ニッケル
－極剤	亜鉛	亜鉛	亜鉛
電解質	塩化亜鉛（－極混入）	水酸化カリウム（＋極混入）	水酸化カリウム（＋極混入）
集電体	中心の黒鉛棒（＋極）	中心の真鍮棒（－極）	中心の真鍮棒（－極）

さ(階級)を表します。日本では単1形から単5形までが流通していますが、世界では単6形まで規定されています。通常の使い方をすれば、数字が小さいほど電池容量が大きく長寿命です。

充電できる乾電池は、コスト高、放充電の繰り返しにより電気容量が減少するメモリー効果、自己放電が多い、寒さに弱いなどの欠点を克服し、近年、普及が進んでいます。ニッケルカドミウムやニッケル水素などの二次電池の乾電池も普通に流通しています。

湿電池

あまり使われない用語ですが、乾電池に対して、電解液を液体としてそのまま(またはゲル化して)使っている電池を湿電池とよぶこともあります。自動車用や工業用など、数多くの場面で使われています。

【リチウムイオン充電池の一般構造と放充電の原理】

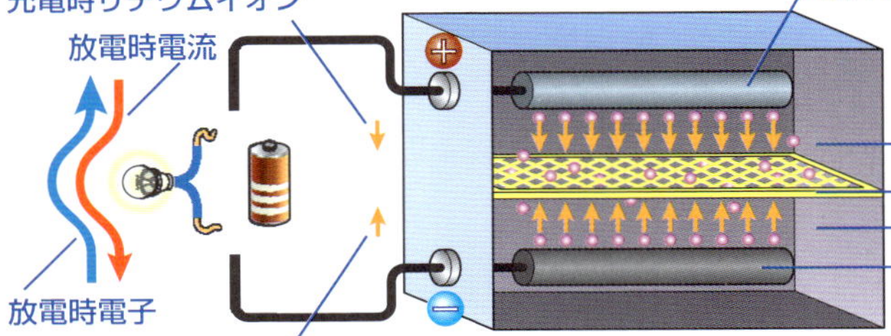

充電時リチウムイオン
放電時電流
放電時電子
放電時リチウムイオン
コバルト酸リチウム化合物など
電解質
セパレータ
電解質
炭素

正極剤の中にあるリチウム正イオンが、電解質の中のイオンを媒介して、負極剤の炭素との間で行き来する。その時、正極または負極で余った電子が導線を移動することで放電・充電が行われる

【自動車用バッテリー(鉛蓄電池)の基本構造例と放充電の原理】

放電・充電の原理はリチウムイオン電池と似ていて、電解質の中にある硫酸が極剤との間を行き来することで電子の移動が発生する
正極剤は二酸化鉛、負極剤は鉛、電解質は希硫酸を使う。鉛・硫酸とも毒物・劇物なので、使用や廃棄には注意を要する

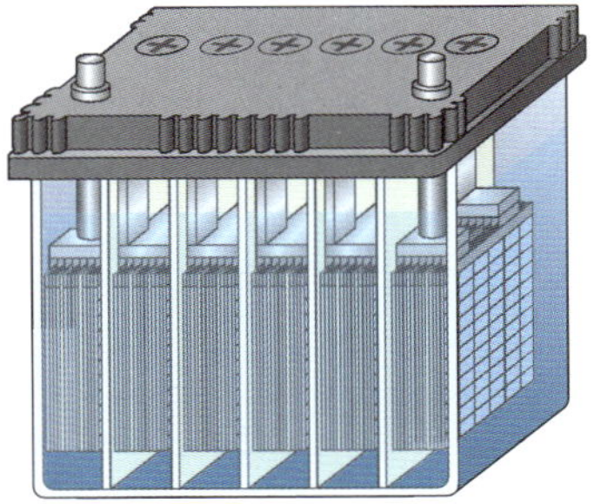

一般的な自動車用バッテリーは、必要最低限の電圧12[V]を出すため、6層の鉛蓄電池を採用している(バッテリー液の補充口が6個あることでわかる)。これは鉛蓄電池1個では約2[V]しか発電できないためである

コンデンサ

コンデンサの単純で器用な振る舞い！

■ コンデンサの機能と構造

コンデンサは、電荷(静電気)を保持し(蓄電)、直流電流は通さず、電流の向きが周期的に反転する回路には電流が流れ続ける、という機能を持ち合わせています。ボルタの蓄電器の項で少し触れましたが、コンデンサの開発の歴史はたいへん古いものです。

コンデンサの基本的な構造は、2つの金属板(導体)を向かい合わせ、その間を絶縁したもので、間の絶縁は性能向上のため絶縁体または誘電体(セラミック、紙、油など)で満たします。

コンデンサが蓄電できる電荷(静電気)の量(静電容量。単位はファラッド[F])は小さいので、電池のような使い方は難しいですが、上記に挙げた特

【コンデンサの一般構造と蓄電の原理】

コンデンサの製品例

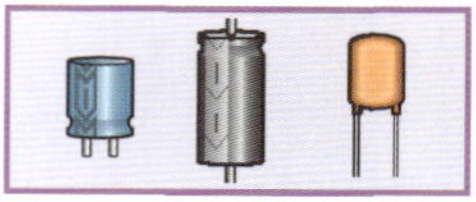

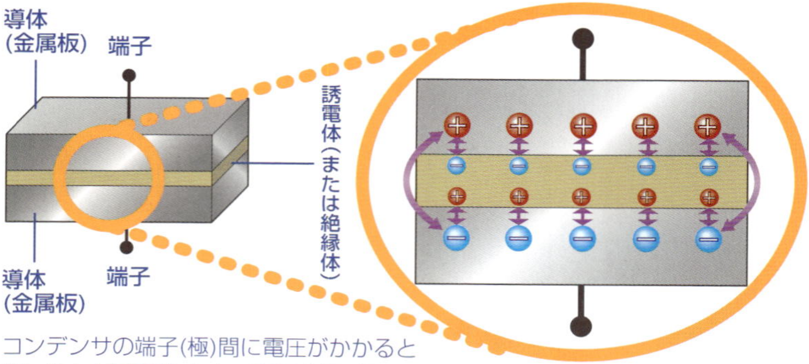
導体
(金属板)
端子
誘電体(または絶縁体)
導体
(金属板)
端子

コンデンサの端子(極)間に電圧がかかると
間に挟んだ誘電体の中で誘電分極が起こり、導体に集まった電荷を保持する(蓄電)。電圧がなくなれば電子が導線を移動して分極状態も解消される(放電)

性から、あらゆる電気機器や電気製品に使われています。例えば、携帯電話には微細な層状のコンデンサだけで1000個近くも使われています。

■ コンデンサを含む電気回路の特性と用途

まず、電池と電球(抵抗)とコンデンサをつないだ直流回路です。

スイッチを切り替えて電池とコンデンサだけを連絡させると、コンデンサの両金属板間に電圧がかかって電子の移動が始まり、コンデンサの両金属板に＋と－の電荷が分かれてたまります(コンデンサの両金属板間に電流は流れない)。

コンデンサの静電容量限界に達すると、直流電流(電子の移動)は止まります(蓄電)。ここでスイッチを切り替えて電球とコンデンサだけを連絡させると、コンデンサにたまった電子が移動し電球が発光します。

時間が経って電気的に平衡となれば、電子の移動はなくなり電球は消えます(放電)。コンデンサは直流電流を流さないのですが、蓄電·放電のわずかな時間(一般的に一瞬または数秒)だけは流れるのです。

次は交流回路です。

交流は電圧の向きが周期的に反転するので、コンデンサの両金属板には、＋－の電荷が交互にたまり、回路には電流が流れ続けます(コンデンサの両金属板間に電流が流れないことは直流と同じ)。コイルや、後述するダイオードやトランジスタなどと組み合わせることで、複雑な処理を行う電子回路がつくられています。

【コンデンサと電流の流れ】

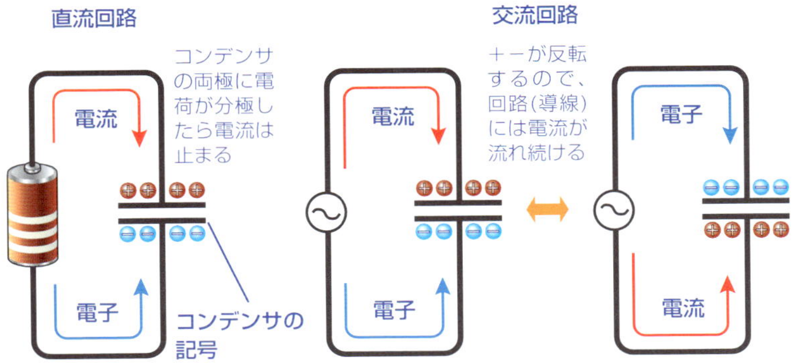

電気の不思議 3－14

ダイオード

半導体の祖、ダイオード！

■ ダイオード(整流器)の機能と構造

空中を飛来するラジオの交流電波を受信するためには、必要な音声電気信号を取り出したり、それを人間の耳に聞こえるようにする検波·整流機能が必要でした。

19世紀末、それまで整流作用のある磁鉄鉱などを使っていましたが、ピッカードらによって、セレンという元素を使った整流素子が開発されま

【ダイオードの一般構造と動作原理】

正孔(ホール)とは電子が離れて電気的に－になった原子のことで、電子の欠損を穴にイメージして「孔」という名前が付いた。実際には電気的なバランスが崩れただけで「孔」が空いているわけではなく、電子のための空席がある状態を意味する。PN接合型ダイオードは、人工的に電子が1個足りない状態をつくり正孔を用意したP型と、人工的に電子が1個多い状態をつくり自由電子があるのと同じ状態を用意したN型を直列に接合した半導体

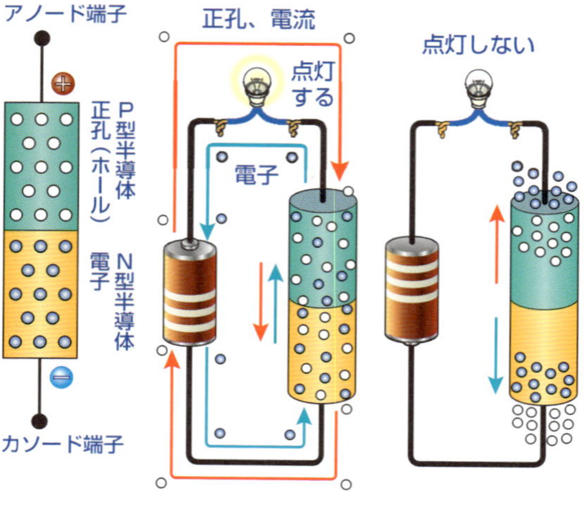

PN接合型ダイオードではそれぞれ電気的なバランスが偏っているため、このバランスを取るように正孔と電子が移動する(一部は結合)
この移動する方向に沿わせるように電圧をかけるとダイオード中を正孔と電子が通過でき(一部は結合)、逆向きに電圧をかけると正孔と電子はダイオードの両端に分かれて集まってしまい、結果として電流が流れなくなる

した。これがダイオードの原初とされています。その後、ゲルマニウムやシリコンを使ったダイオードが開発されていきます。

ダイオードは、交流電流を直流電流に変換する電子素子です。ダイオードの組み合わせにより、半分を整流し半分を捨てる半波整流回路、全部を整流する全(両)波整流(ブリッジ)回路、さらに、コイル、コンデンサなどを組み合わせて脈流を本来の直流電流に近づける平滑回路など、いろいろな変換機器が考案されています。

ダイオードは、正孔(ホール)が動き＋極になるアノード(A：ホウ素入りシリコンのＰ型半導体)と、電子が動き－極になるカソード(K：ヒ素入りシリコンのＮ型半導体)を接合した半導体で、一方向(A→K)にしか電流が流れません。

向きが周期的に反転する交流電源に接続すると半周期しか電流が流れないため、不完全ながら直流電流に変わるのです。この時の電流のことを脈流といい、電圧の変化の波形は交流と同じ正弦波となります。

ダイオードは、近年、直流回路の逆流防止機器･電磁波の検波機器･スイッチング回路･後述する発光ダイオードなど、その用途が拡がってきています。

【ダイオードをつないだ交流回路の整流】

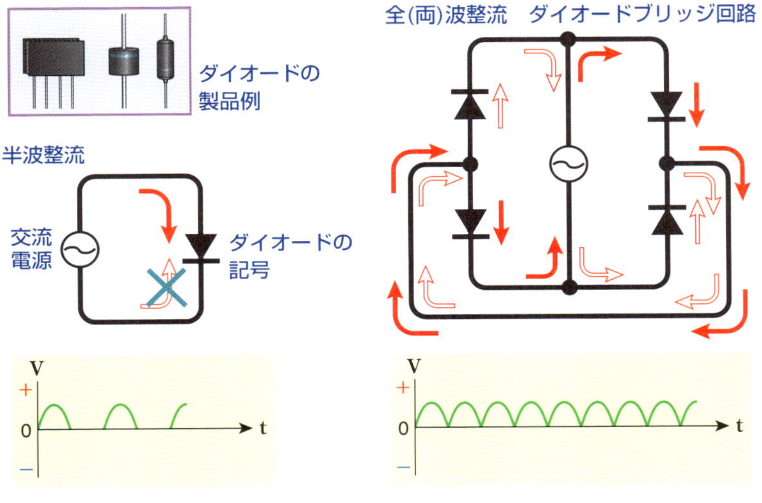

電気の不思議 3−15

発光ダイオード

照明機器のホープ、発光ダイオード！

■ 発光ダイオードの発明と素子としての特徴

物質にエネルギーが加わると余ったエネルギーが光エネルギーとなって放出され物質が発光する現象をルミネッサンスといいます(光電効果の逆反応に似ている)。この現象を利用したさまざまな電子機器の開発が試みられましたが、1962年、ホロニアックが、P型半導体とN型半導体の材料を吟味し、電圧(電気エネルギー)を加えると発光するダイオード(LED : Light Emitting Diode)を発明しました。

発光時には、粒子の運動を伴わずに直接、光エネルギー(光が物質波として放出される)に変換されるため熱が発生しないのが特徴で、従来の白熱電球や蛍光灯と比べて、省電力·長寿命·電圧応答速度の速さ·小型という特性を活かし、信号機の光や携帯電話機の表示などの照明用途としての利用が進んでいます。ただし、絶縁方向(カソード→アノード)に電圧をかけた時、一般的な整流ダイオードよりも低電圧で電流が流れてしまって素子が壊れるため、本来の整流器としての用途には使えません。

【発光ダイオードの一般構造と発光の原理】

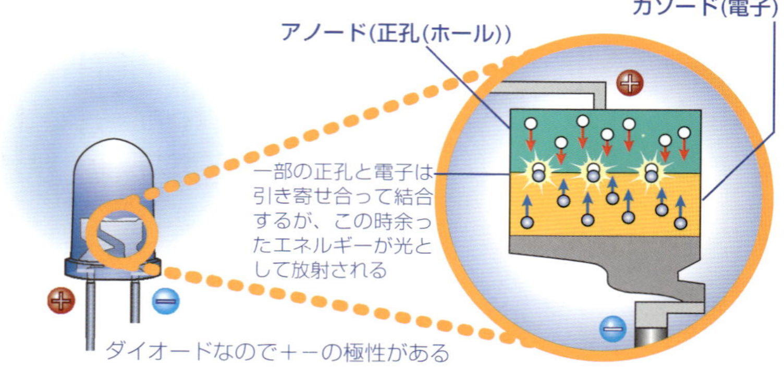
カソード(電子)
アノード(正孔(ホール))
一部の正孔と電子は引き寄せ合って結合するが、この時余ったエネルギーが光として放射される
ダイオードなので+−の極性がある

■ 発光ダイオードの種類と用途

発光ダイオードは、P型半導体とN型半導体に採用する物質によって、また、かける電圧の大きさによって、発光する光の周波数(光色)が異なり、可視光線はもちろん、赤外線や紫外線を放出する発光ダイオードも開発されてきました。当初は赤色発光ダイオードだけでしたが、その後、黄色発光ダイオードがつくられ、1970年代に入って黄緑色や緑色ができました。緑色は輝度が低く、照明用としては暗くて実用化はされませんでしたが、1993年頃、中村らの日本人を中心として、開発がもっとも遅れていた高輝度の緑色および青色発光ダイオードが開発され、光の3原色(R：Red、G：Green、B：Blue)が揃うことになり、発光ダイオードを組み合わせることですべての色が表現できるようになり、普及が爆発的に加速しました。なお、現在、光の三原色の組み合わせとは別に、青色発光ダイオードに蛍光物質を重ねる方式で白色発光ダイオードもつくられています。

発光ダイオードの特性として、発光する光の周波数(光色)の帯域が狭く、必要な光色のみ利用することができるため、一般の白熱電球や蛍光灯には不向きな用途、例えば、植物栽培や美術品の修復など、特殊な用途の光源として、付加価値の高い製品がつくられています。ただし、発光ダイオードのP型半導体とN型半導体には希少金属を使う場合も多く、新たな材料探しも課題となっています。

【発光ダイオードが省電力であることを確かめる実験　レモンによるボルタ電池】

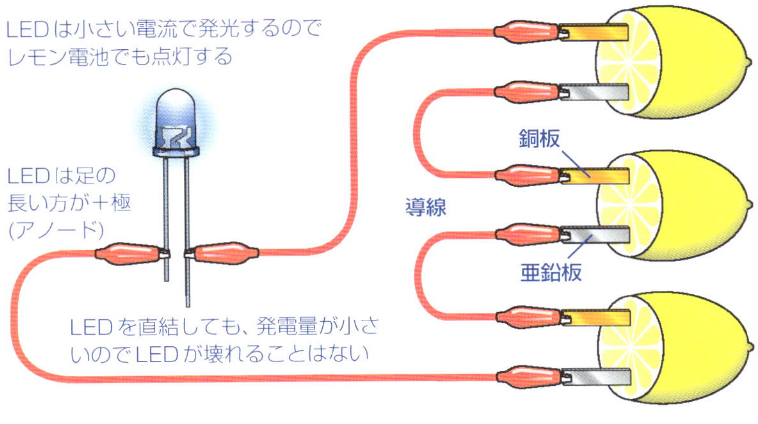
LEDは小さい電流で発光するので
レモン電池でも点灯する
LEDは足の
長い方が＋極
(アノード)
LEDを直結しても、発電量が小さいのでLEDが壊れることはない
銅板
導線
亜鉛板

インバータ

器用で多才なアイデア回路、インバータ！

■ インバータの機能と構造

インバータは直流を交流に変換する電子素子で、逆変換器ともよびます。

しかしコンデンサやダイオードとは異なり、インバータは、単独の部品を指すものではなく、整流回路とスイッチング回路を組み合わせて直流→交流変換を実現する回路装置の総称です。

現在では、細やかな回転数の制御が必要な用途や節電などに使われています。なお、下図のスイッチングでは、実際にはトランジスタやサイリスタとよばれる電子素子が使われています。

【機械的スイッチングによるインバータの動作原理】

このような直流回路で、対角線上の１対のスイッチを交互にON·OFFすれば、中央の機器に流れる電流は、スイッチングの周期に合わせて反転する交流となる

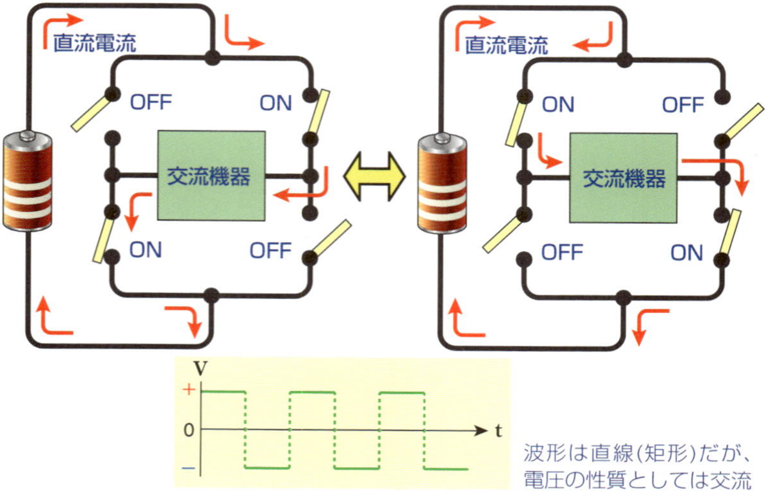

波形は直線(矩形)だが、電圧の性質としては交流

■ インバータの応用製品

インバータには、本物の交流電流に限りなく近い滑らかな正弦波をつくる高機能なもの、振幅する矩形波をつくる簡易的なもの、それらの中間的な近似正弦波をつくるものなど、使用する電気機器や用途に応じたさまざまな製品があります。高機能なものほど価格が高いので、インバータをどのような電気機器にどのような目的で組み込むかによって、使い分けられています。

また、電流の直流→交流変換とは別に、交流電流に変換する際に周波数を調整できることから、電気機器の周波数変調に応用されています。有名な例としては、交流電圧の周期の影響でかすかにちらついて見える蛍光灯にインバータを取り付けて、周波数を上げることでちらつきを軽減し消費電力を減らすインバータ蛍光灯安定器や、温度調整や節電の性能を向上させるために、周波数をこまめに変えてモーターを制御するインバータエアコンなどが挙げられます。

【生成電流の波形を交流正弦波に近づけるインバータの動作原理】

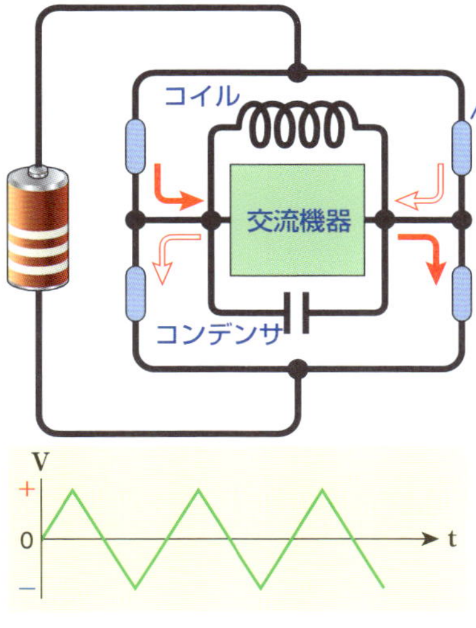
中央の機器に並列にコイルやコンデンサなどをつなぐことで、電圧の変化を緩和できる(コイルでは逆向きの誘導電流、コンデンサでは電荷放出)
ダイオードやトランジスタなどの電子素子回路で制御するスイッチを採用している
コイル
交流機器
コンデンサ
V
+
0
−
t

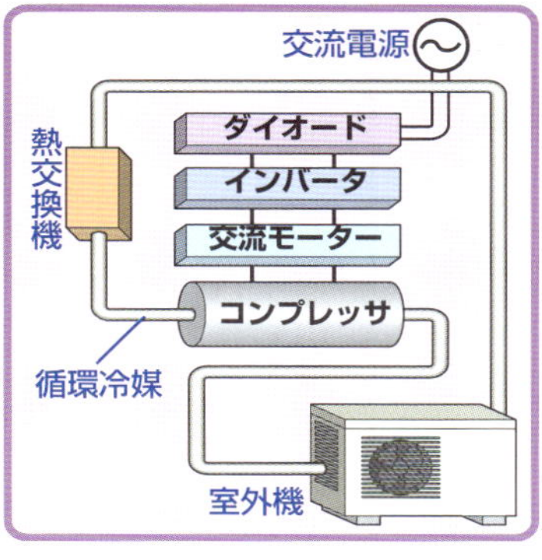
エアコンは交流電源を周波数制御し、モーターの回転数をこまめに変える必要がある。インバータエアコンは交流→直流→交流と変換して運転している
交流電源
熱交換機
ダイオード
インバータ
交流モーター
コンプレッサ
循環冷媒
室外機

真空管

一時代を築いた半導体の名選手、真空管！

■真空管の発明

真空管は、交流→直流の整流機能、交流電流の源である電波の検波機能、電気信号の増幅機能を持ち合わせた電子素子です。

19世紀末、エジソンらによって培われた白熱電球の大量生産技術や、陰極線の実験を行ったガラス真空管技術が、真空ポンプの改良やエジソン効果(加熱したフィラメントから電子が放出される現象)の発見などにつながり、左手の法則で有名なフレミングが、電流を一方向にだけ流す整流機能をラジオ電波の検波素子に応用する形で、真空管をこの世に登場させたのです。この整流·検波機能を持つ最初の真空管を二極真空管とよびます。

1907年、フォレストが電気信号の増幅機能を持つ三極真空管を発明し、多くの技術者により四極·五極·七極真空管へと改良されます。1960年頃

【二極真空管の一般構造と整流の原理】

下図、真空管内の左から、ヒーター(タングステンやモリブデンなど)、カソード(ニッケルなど)、プレート(アルミニウムや鉄など)。初期の二極真空管ではヒーターとカソードを分けずに白熱電球のフィラメントで兼用していた

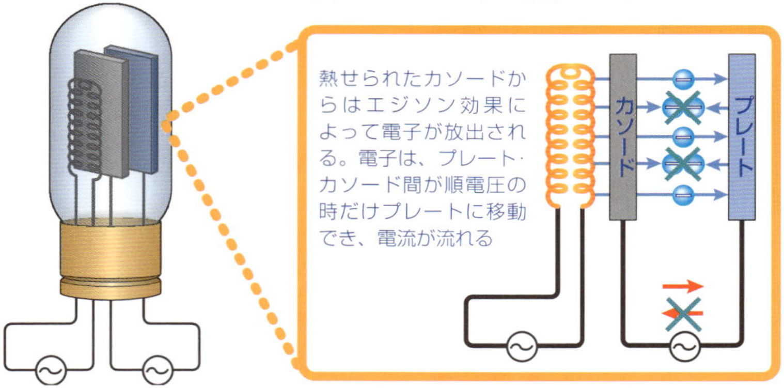
熱せられたカソードからはエジソン効果によって電子が放出される。電子は、プレート·カソード間が順電圧の時だけプレートに移動でき、電流が流れる
カソード
プレート

までは増幅器の主流でしたが、発熱部の電力消費が多く短命という欠点があり、トランジスタの発明によって、用途は限られるようになりました。

■ 真空管の構造と原理

二極真空管では、ガラス真空管の中に2枚の金属板を間隔を空けて突き立て交流電圧をかけます。カソードの至近に設置したヒーターに電流を流して発熱させると、エジソン効果によりカソードから電子が放出されます。交流電圧が順方向の時は、電子はカソードからプレートに移動して電流が流れ、交流電圧が逆方向の時は、カソードから放出される電子とプレートからカソードに移動しようとする電子が反発し合って電流が流れません。これが真空管の交流→直流の整流機能の原理です。

三極真空管では、二極真空管のプレート·カソード間に金属網(グリッド)を突き立て、カソード·グリッド間には別系統で逆向きの直流電圧をかけます(カソード:＋極、グリッド:－極)。カソードから放出された電子は、プレート·カソード間の交流電圧が順方向の電圧の時でも、カソード·グリッド間にかかる直流電圧によって進行を止められ電流は流れません。しかし、カソード·グリッド間の電圧を下げることで、電子の一部はグリッドの網をくぐり抜けてプレートに移動して電流が流れます。このことは、カソード·グリッド間の電圧の調整で、プレート·カソード間の電流が調整できることを意味していて、電流の増幅機能が実現できるのです。

【三極真空管の一般構造と増幅の原理】

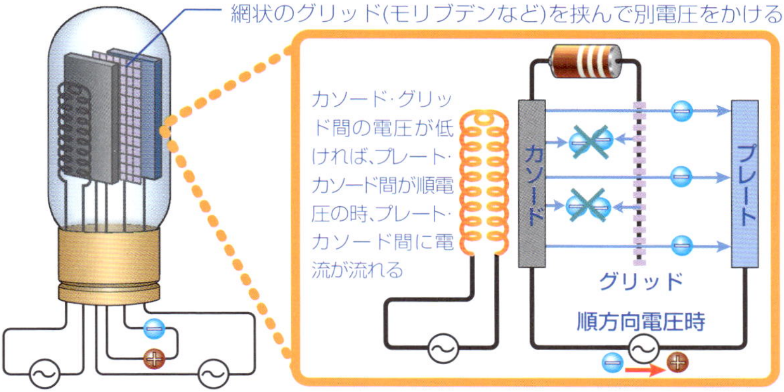
網状のグリッド(モリブデンなど)を挟んで別電圧をかける
カソード·グリッド間の電圧が低ければ、プレート·カソード間が順電圧の時、プレート·カソード間に電流が流れる
カソード
プレート
グリッド
順方向電圧時

トランジスタ

電子素子の基幹素子、トランジスタ！

■ トランジスタ

トランジスタは、電流の増幅機能や、スイッチのように電流を入り切りできる電子素子です。

20世紀中頃、アメリカ最大の電話会社となっていたAT&Tの研究部門·ベル研究所では、電磁石と接点を組み合わせて機械的に行っていた電話交換機の小電流のスイッチングを、高速で安定した効率的な技術に置き換える必要に迫られ、半導体をスイッチ替わりに用いることを考えつきました。これがトランジスタ誕生の大きな端緒の１つです。

トランジスタは、大量に生産できるため低価格で、消費電力すなわち発熱が少なく、小型化も容易だったので、本来の目的である電話交換機への搭載から、ダイオードや真空管に替わる半導体の電子素子として急速に普及し、あらゆる電気製品に利用されていきました。

コンピュータ時代が始まりつつあった当時の産業界では、トランジスタはスイッチの組み合わせによる論理回路にも使われるようになり、現在のICやLSIの超高密電子回路の構築に大きな貢献を果たしています。

なお、今日では、大電力を制御できるトランジスタも開発され、溶接機やインバータなどにも利用されています。

余談ですが、トランジスタを開発した中心人物たちは、ショックレー研究所を設立し、この時に採用された研究者が、ショックレーと喧嘩別れをしてフェアチャイルド社を設立し、この設立メンバーがさらに独立して、半導体メーカーの巨人インテルなど、いくつもの企業の開祖となったのです。トランジスタの開発は現代のIT産業の礎を築いていったといえるでしょう。

【NPN型トランジスタの一般構造と増幅の原理】

❶のスイッチがOFFの時は、❷のエミッタと❸のコレクタ間(E－C)に電圧がかかっていても、ベースのP型半導体が電子の流れを邪魔するのでE－Cに電流は流れない

❶のスイッチをONにすると、❷のエミッタと❹のベース間(E－B)に電圧がかかり、ダイオードと同じ原理で❺の電流が流れる。この時、ベースのP型半導体に邪魔されていた電子は、ベースが薄ければ通り抜けられるようになり、E－Cに電流が流れる

つまり、E－Bに電圧をかけることでE－Cの抵抗が減り、E－Bの電圧制御がE－Cのスイッチング･電流制御･電流増幅などの機能を持つことになる

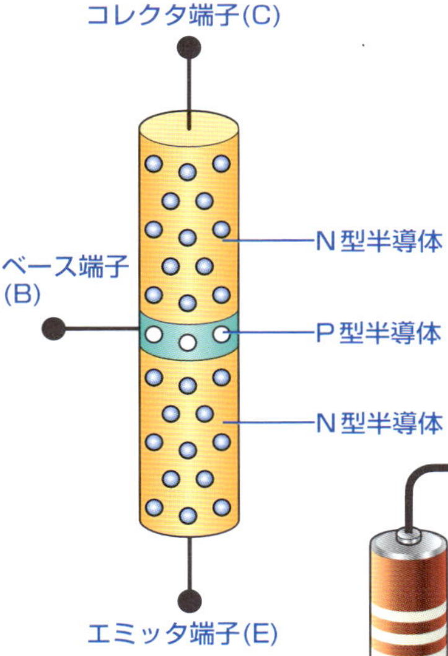

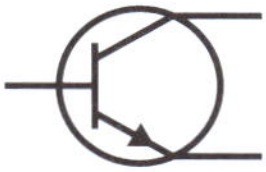
トランジスタの記号

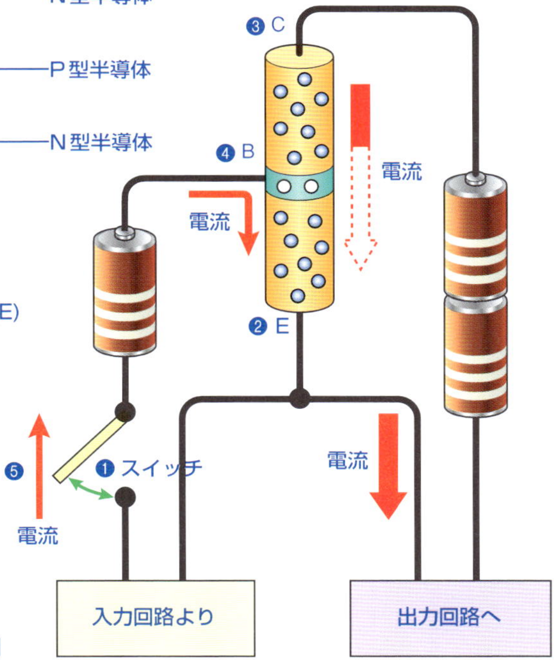

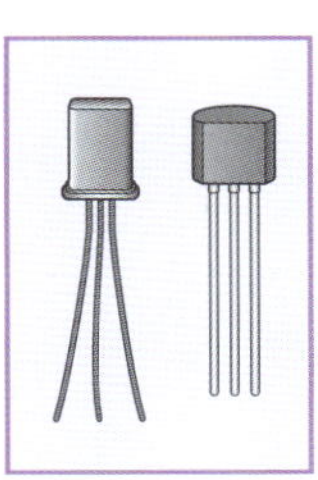
トランジスタの製品例

半導体、IC、LSI

電気製品を支える基幹素子、LSI ！

■ 半導体(セミコンダクタ)

ここまで、ダイオード、真空管、トランジスタと、半導体関連の電子素子について紹介してきました。ここで、半導体についてまとめましょう。

半導体は、導体と絶縁体(不導体)の中間の性質(条件が揃った時にだけ電流を流す)物質または電子素子のことで、英語ではセミコンダクタといいます。また、半導体どうしを組み合わせたり、半導体と他の電子素子を組み合わせたりしてつくった電子部品全般を半導体という場合もあります。

■ IC、LSI

IC(Integrated Circuit)は、目的や用途に合わせた電子回路や論理回路を、抵抗、コンデンサ、ダイオード、トランジスタ、コイル、トランス･･･など、電子素子を組み合わせて構成し、コンパクトにまとめて小さなパッケージにしたもので、集積回路ともよばれます。

1960年頃に最初のICが開発されていますが、当初のICは、プラス

【半導体IC(ICチップ)】

コンピュータで設計した電子回路。一辺数mm程度の製品が増えている

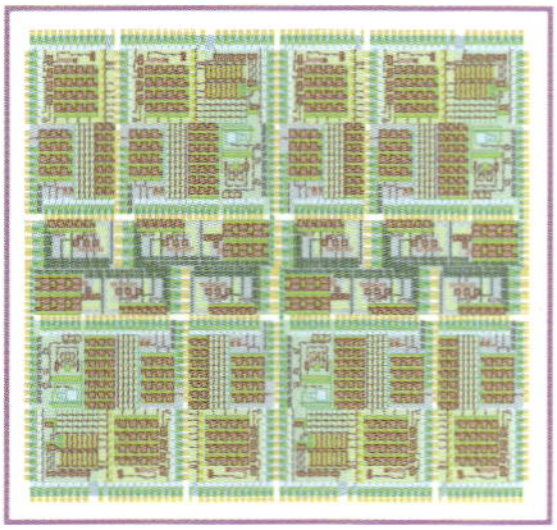

1個の電子回路をシリコンウェハー上に入るだけ写真焼付(数十～数百個)

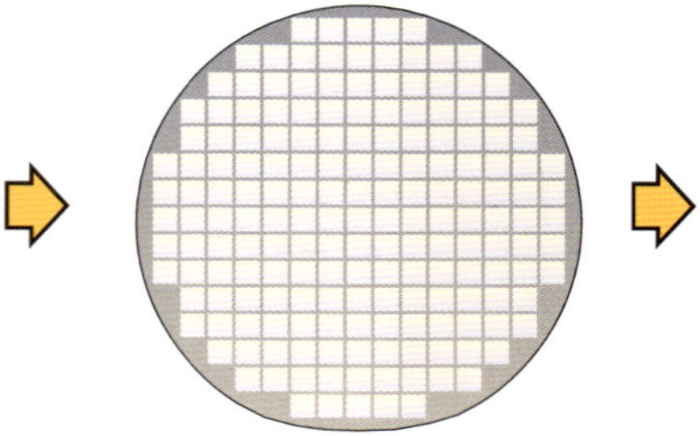

チックなどの絶縁体基盤の上に電子素子を装着してハンダなどの導体で配線したもので、プリント基板ともよばれていました。しかし、使用する電子素子の数が増えるにつれて、多数の電子素子を配置することが困難になってきたため、薄い板状にしたシリコン(ゲルマニウム、セレンなども使われた)に微量のアンチモンやホウ素などを混ぜて半導体の機能をもたせる方法で集積度を高める技術が開発されました。基盤であるシリコンのことをウェハーとよびますが、シリコンウェハー上に写真焼付技術を応用して半導体機能や回路配線をつくったのが半導体IC(ICチップ)です。皆さんも見たことがあるかと思いますが、半導体ICは、固い黒石のようなセラミック殻に埋め込み、ムカデの足のような端子を外に出した形状で使われます。現在、ICといえば、この半導体ICを指すことが多くなっています。

ICは、使用している電子素子の数により、小規模なものから順に、SSI(Small Scale Integrated circuit)→MSI(Medium・・・)→LSI(Large・・・)→VLSI(Very Large・・・)→ULSI(Ultra Large)→GSI(Giga・・・)などとよび分けていましたが、現在では、ひっくるめてLSIとよぶことが多くなっています。

最新のICでは、回路導線の間隔が数十[nm](ナノメートル＝数億分の1[m])単位まで微細化されてきています。さらに微細化が進むと、発熱や干渉の回避には、量子力学的な取り組みが必要になると考えられています。例えば、原子の1つ1つを操作するといった一昔前までは夢物語であった量子力学的な技術を導入しなければならなくなるのです。原子の直径は数[Å](オングストローム＝10億分の1[m])ですから、あと2桁(百分の一)まで迫ってきたのです。

写真焼付したシリコンウェハー上の半導体ICを切り取り、セラミック殻に埋め込み、配線の足を出す

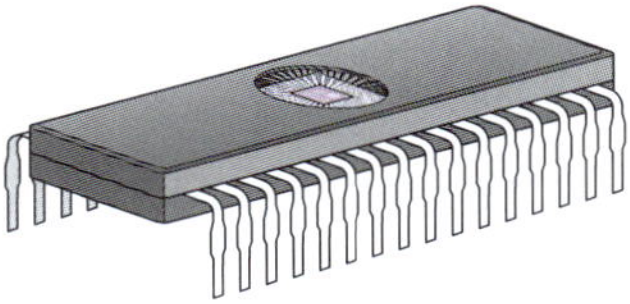

実際はICチップは見えない

半導体ICを埋め込んだセラミック殻をプリント基板に装着して使用

かつては、このプリント基板のことをICとよんでいた

コンピュータ

科学技術の基盤を支える電子計算機！

■ コンピュータの原型

コンピュータはプログラムに従って計算する電子機器です。古くは歯車と人力で計算する機械式計算機の時代から、増幅回路の組合せで計算するアナログ式電子計算機を経て、今日コンピュータといえば、論理回路を駆使して計算するデジタル式電子計算機が主流です。

コンピュータ特有の２進法の考え方は、ライプニッツに遡ります。17世紀後半、ライプニッツはニュートンとは独立して微積分を発見し、中国の易経《えききょう》(儒教の教典の１つ)の研究も行っていました。易経では、陰と陽のパターンを組合せて八卦《はっけ》をつくり、八卦と八卦を組合せた六十四卦《ろくじゅうしけ》で吉凶を占いますが、ライプニッツは２進数を考案した後、六十四卦を配列した先天図を見て、論理計算と論理言語構想を練ったようです。彼の論理計算は２進数の考え方の基盤も築いています。

【コンピュータによる計算の基本的な原理】

電圧の有無によって２進数の１桁を表現する

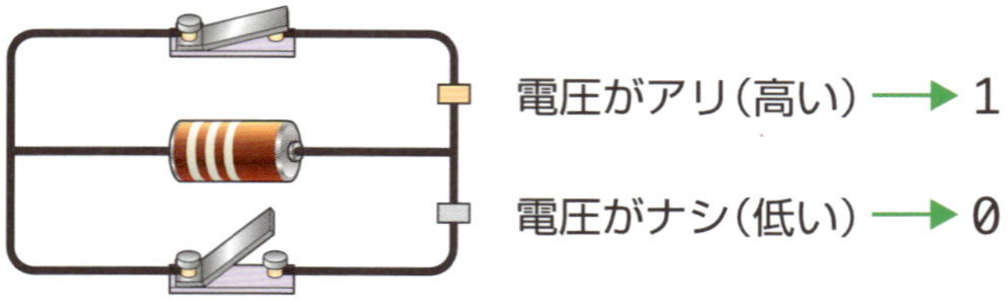
電圧がアリ(高い) → 1
電圧がナシ(低い) → 0

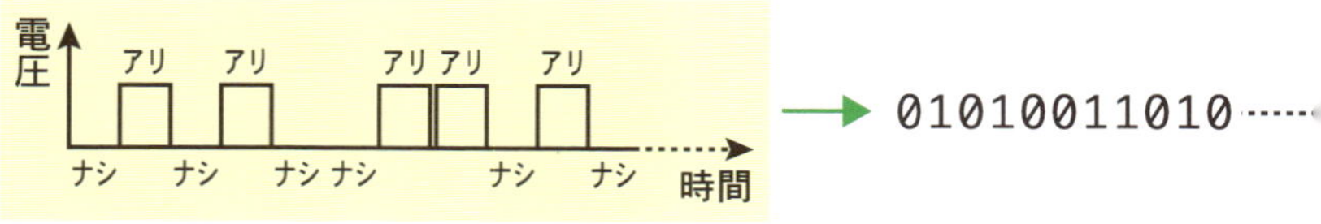
電圧
アリ
アリ
アリ
アリ
アリ
ナシ
ナシ
ナシ
ナシ
ナシ
ナシ
時間
01010011010……

■ コンピュータの開発

コンピュータは、電圧の高い低いで1と0を表し、その組合せで基本論理回路をつくり、基本論理回路の組合せで四則演算を行うという原理です。現在のMPUでは、1秒間に数兆回まで四則演算が可能になっています。

世界で最初にデジタル式コンピュータをつくったのは1939年のアイオワ州立大学で、1946年に開発された有名なペンシルバニア大学のENIACというコンピュータは2番手です。そして、世界で最初に商用コンピュータをつくったのはIBM社で、1951年のことです。このコンピュータは、5200本の真空管と10000本のダイオードを使用し、重量7200[kg]という代物でした。設置には建物の一室を占有し、消費電力も莫大で、発熱を抑えるためにフロア全体をクーラーで冷やす必要がありました。その後、電子部品が進化し、真空管に代わってトランジスタやICが採用されるようになり、大幅な小規模化が実現します。

1970年代は個人向けコンピュータが一気に花開いた時期です。1971年、アメリカのインテル社が日本のビジコン社と共同で世界初のシングルチップ(LSI)マイクロプロセッサユニット(MPU)を開発します。これは電卓用に開発されたICチップでしたが、汎用性をもたせ、現在のインテル社のCPUの元祖となった商品です。その後、コンピュータは急速に発展を遂げ、現在の高性能小型パソコンが実現しています。

【コンピュータに採用される基本的な論理回路】

AND(論理積)回路と論理回路記号

OR(論理和)回路と論理回路記号
※ AND回路と組合せるNOR回路もある

NOT(否定)回路と論理回路記号
※ AND回路と組合せるNAND回路もある

Column #3

《ロボット、ナノマシーン、サイボーグ》

ロボットの進化には著しいものがありますが、現在、2つの大きな課題があります。自ら判断して状況に応じて行動する自律制御と人間型ロボットへの機構改良です。自律制御の例では、2005年、アメリカで行われた211kmの砂漠を走る無人カーレースで4台が完走しました。機構改良の例では、1996年、本田技研工業が発表した「アシモP2」は、動力源·駆動機構·制御機構などがパッケージになっていて、スムーズな二足歩行を実現しました。どちらも実用域が見えてきています。

一方、マイクロ加工ロボットともいえるナノマシーンは、要求レベルがナノ(1億分の1)[m]まで達してきており、原子を操作しようという研究も進んでいます。具体的には、微細なトランジスタ·センサー·モーターなどをつくる机上工場や、血管や臓器内に送り込んで治療行為を行わせる医療ロボットの構想もあり、技術革新には目が離せません。

人体の機能を機械に置き換えるサイボーグも研究が盛んです。眼の代わりに電気信号を脳に送る装置、神経につないで制御する義手、筋肉の電気パルスを感知して遠隔操作できるマジックハンド、両足の外側に固定して歩行能力を高めるロボットスーツなど、応用領域を広げています。

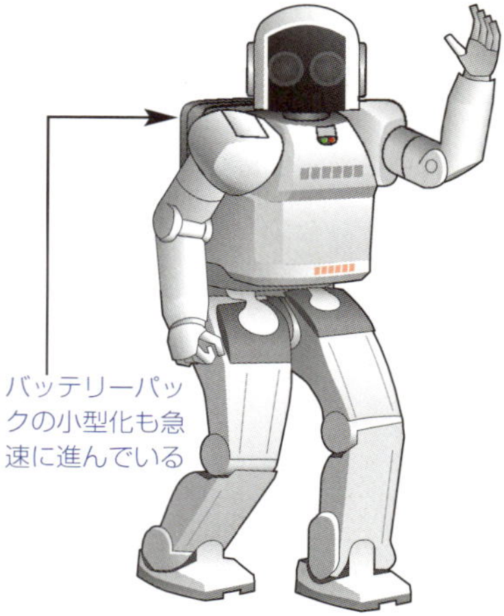
バッテリーパックの小型化も急速に進んでいる

日本がリードする二足歩行ロボット開発

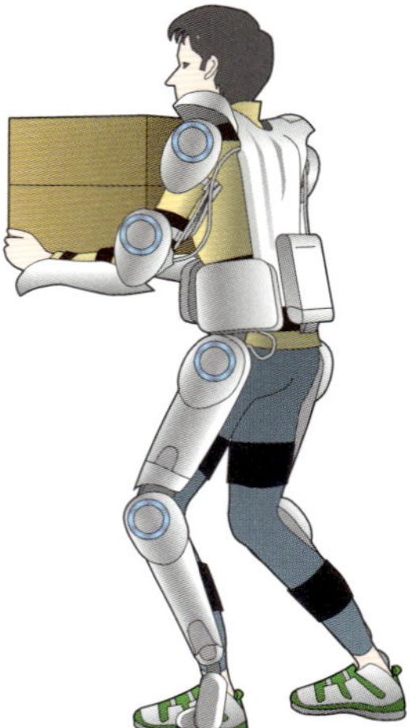

実用化時代に入ったロボットスーツ
(イラストは筋力を補う例)

第4章

身近な電気の現代技術

多くの人たちの活躍により、ここまで便利になった現代の電化社会。特に電気と電気製品はめまぐるしい技術改良が続いており、私たちの生活を支えています。

第４章では、一般住宅や家庭で身近に見かけるおもな電気設備・電気機器・電気製品を取り上げ、現代の電気を紹介します。

よく見たり、当たり前のように使っていたりするものばかりですが、そこには先人たちの知恵と結晶が隠れているのです。

電気の不思議 4−1

一般住宅への配電(1) 三相交流

送電効率を上げ、電圧調整が容易な三相交流！

■ 三相交流とは

発電所で発電され送電される交流は三相交流で、これを三相三線式とよびます。電流の発生を低く抑え、電圧制御も容易で、工場や鉄道会社などの大電流需要に対応できるため、現在、世界の電力システムの主流方式です。日本国内の周波数は、西日本で60[Hz]、東日本で50[Hz]です。

一方、引込線を通して一般住宅内に送られる交流は単相交流で、電柱に設置された柱上変圧器で電圧を100ないし200[V]まで下げ、三相交流のうちの一相から電流を引き込みます。この一般住宅向けの単相交流は、3本線の両端線間は200[V]、両端線と中間の中性線との間は100[V]の、単相三線式とよばれる方式が一般的です。ただし、両端線のうちの1本を省いた単相二線式もあります(この場合は100[V]のみ利用)。

【高圧(600[V]以上)三相交流の三相三線式送電】

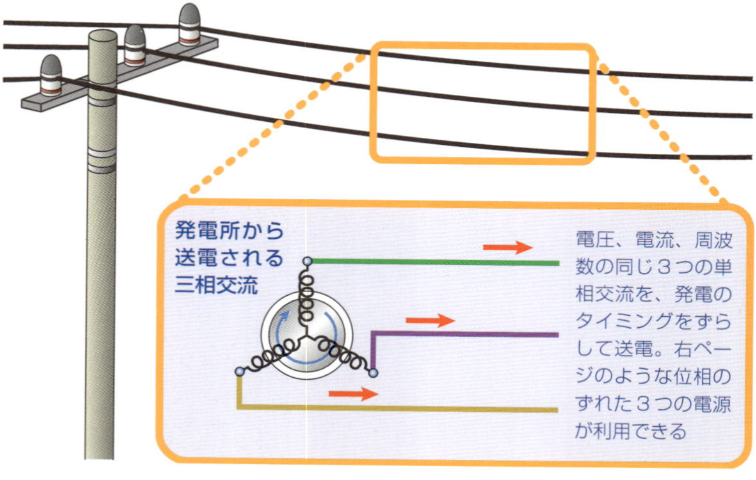
発電所から
送電される
三相交流
電圧、電流、周波数の同じ3つの単相交流を、発電のタイミングをずらして送電。右ページのような位相のずれた3つの電源が利用できる

■ 三相交流の仕組み

三相交流は、発電機が１回転する時に３回発電することで、電圧、電流が等値の３つの交流が、タイミングが均等にずれて送電線に送り込まれる仕組みになっていて、ずれる時間は１周期の1/3で、これを位相とよび、周期のグラフでいうと120°(360°の1/3)になります。

下図の三相交流電圧の変化グラフでもわかるとおり、３つの交流から送電される電圧は、＋－を含めて足し算をすると、各瞬間ではその和が０になり、３本の電線で送る電力を最大にできるという特性があります。

三相交流はモーターなどの動力を回すのに適しています。前述したように、発電機とモーターは同じものなので、三相交流で発電し三相交流でモーターを回すのは効率がよく、遠くの力を電気に変えて近くで利用することが可能になるのです。

【三相交流の電圧の変化グラフ】

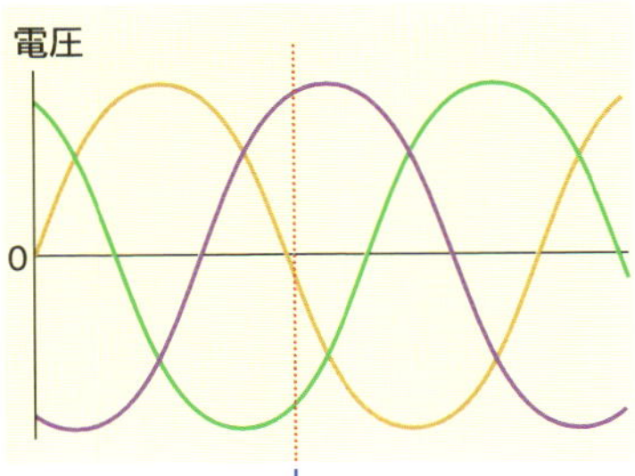

３つの単相交流電源の電圧は、グラフのように位相をずらして送電(発電)されている。ある瞬間の電圧を合わせる(＋－も含めて足す)と、常に０になる

【単相三線式の利用例】

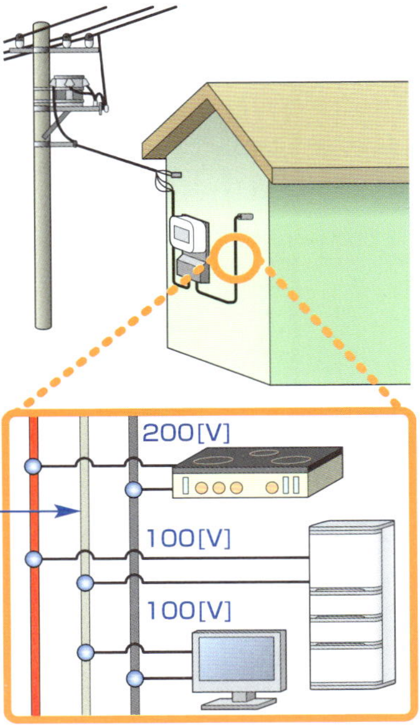

三相交流を一般住宅の単相三線式で利用する場合は、三相のうち一相を引き込み、その単相三線のうちの二線を使う

電気の不思議 4－2

一般住宅への配電(2) 電力量計、分電盤、アース

電化生活を陰で支える電気機器！

■ 電力量計

電力量計は、電力会社が収益を得るために使用電力量の計算をする機械で、外部の引込線から住宅内に電気を送る経路に設置しています。いくつか種類がありますが、一般住宅用の積算電力量計の基本原理は、誘導渦電流の原理と同じです。

引込線から流れてくる電流を、アルミニウムの円盤の端を挟むように配置したコイルに送り込んで、円盤に発生する誘導渦電流による回転磁界で円盤を回転させ、通過した電圧と電流を掛け合わせて使用電力量を計測する機器です。円盤１回転あたりの電力量が[rev/kWh]で表示され、何回転すると１[kWh]になるかという表示で、計器定数とよばれています。

【単相交流の引込】

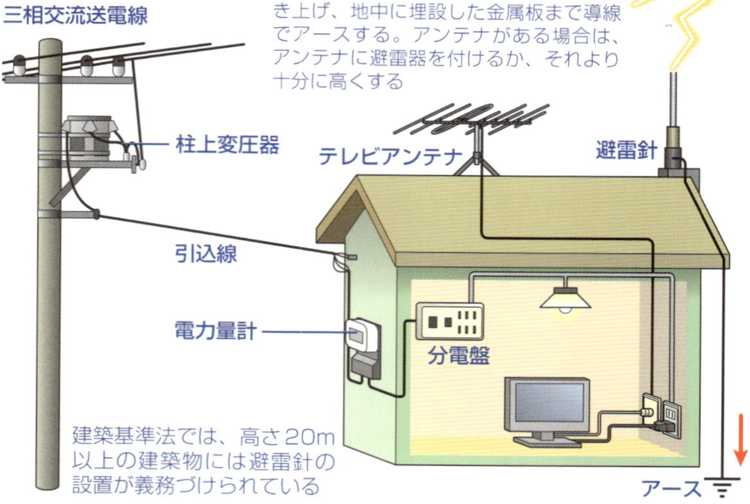

三相交流送電線
避雷針は、金属棒を建物の最高部から突き上げ、地中に埋設した金属板まで導線でアースする。アンテナがある場合は、アンテナに避雷器を付けるか、それより十分に高くする
柱上変圧器
テレビアンテナ
避雷針
引込線
電力量計
分電盤
建築基準法では、高さ20m以上の建築物には避雷針の設置が義務づけられている
アース

■ 分電盤、ブレーカ

引込線から電力量計を経て建物内に入った電線は、まず分電盤に接続されます。電力会社や建物の規模や構造によって分電盤にも違いがありますが、一般住宅用の分電盤は、電流制限器、漏電遮断器、配電(分配)遮断器などから成ります。これらをまとめてブレーカとよぶこともあります。

電流遮断器は、使用電力量が契約電力量を超過した時に送電を遮断する機器で、「40A」などの定格電流の表示がある部分です。漏電遮断器は、過電流·短絡(ショート)·漏電などの時に送電を遮断する機器です。

■ 避雷針、アース(接地)、ヒューズ

一般住宅ではあまり見かけませんが、落雷時に電気回路や電気機器を保護するために外部に設置されるのが避雷針です。

漏れた電気は電気機器からアースに流れるので、漏電ブレーカなどで漏電を感知することができますし、もし人が漏電した電気機器に触れても、アースの方に多くの電流が流れるので、被害を軽減できます。

電気機器の内部に設ける過電流防止装置のうち、もっとも単純なものがヒューズです。定格以上の過電流に対して、ガラス·鉛·錫などの部分が発熱して焼き切れる(溶断という)ことで電流が遮断される素子です。ただし、焼き切れるまでに数秒かかるのが普通なので、過度な期待は禁物です。

【電力量計と分電盤】

一般住宅用積算電力量計の例

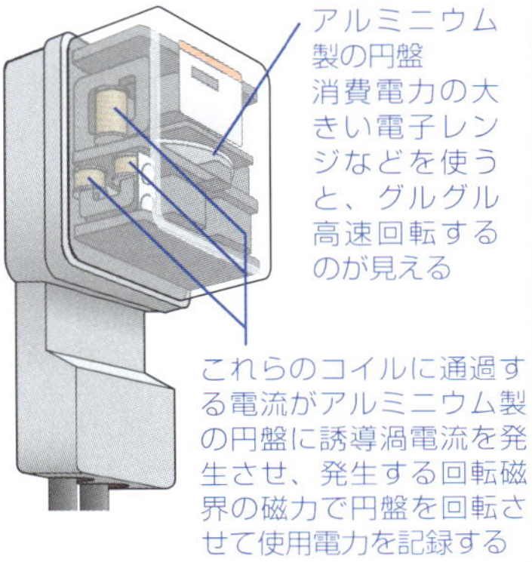
アルミニウム製の円盤
消費電力の大きい電子レンジなどを使うと、グルグル高速回転するのが見える
これらのコイルに通過する電流がアルミニウム製の円盤に誘導渦電流を発生させ、発生する回転磁界の磁力で円盤を回転させて使用電力を記録する

一般住宅用分電盤の例

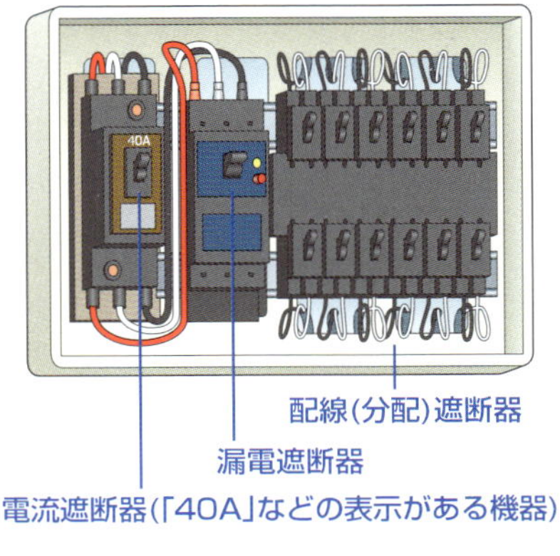
40A
配線(分配)遮断器
漏電遮断器
電流遮断器(「40A」などの表示がある機器)

電気の不思議 4－3

電気事故

便利なエネルギーですが危険もあります！

■ 感電

人体は電気を通しますが、汗で肌が濡れたりすると、水分が介在することでさらに電気を通しやすくなります。ときどき、感電事故のニュースを耳にしますが、人の感電事故の原因は電流です。

静電気の感電では電圧は数万[V]にも及びますが、感電事故に至らないのは、電流が少なく、電流が体内を流れている時間が短いからです。人間が耐えられる限界の電流は100[mA]で数秒ほどという説があります。

■ 電気火災

電気を原因とした火災は全火災の数%を占め、その多くが配線からの出火です。配線からの出火の原因は、過電流·漏電·地絡·短絡(ショート)·トラッキング現象、または、これらが複合的に起こるものです。

過電流による火災は、配線の定格以上の電流により電線が加熱して発火

【感電の原因例】

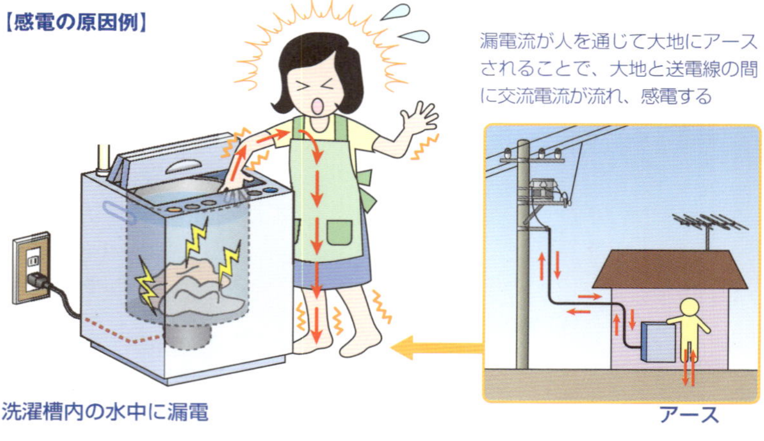
漏電流が人を通じて大地にアースされることで、大地と送電線の間に交流電流が流れ、感電する
洗濯槽内の水中に漏電
アース

する現象です。例えば、1500[W]のテーブルタップに2000[W]の電流を流し続ければ発火は免れません。

漏電による火災は、電線などの絶縁性が低下し、流れてはいけない部分に電流が流れ、発熱し発火する現象です。類似現象に地絡がありますが、これは地面に電路が繋がってしまうアース状態のことで、地絡の結果が漏電です。メタルラスモルタル工法の住宅で漏電火災が多発したため、漏電火災警報器や漏電ブレーカの設置が進みました。埃や絶縁劣化も原因となるので要注意です。

短絡(ショート)による火災は、電線の劣化などによって過電流が流れ、過電流の際の火花がもとで火災が起こるという順序になります。

トラッキング現象による火災は、経年負荷で絶縁物が炭化し電流が流れ出し、発熱し発火する現象です。コンセントにたまった埃に電気が少しずつ流れることでプラグが炭化する例が多いので、コンセントの根元を絶縁した製品も開発されています。

■ 電磁波障害

高圧送電線の周囲など、電磁波が脳に悪影響を及ぼすとされていますが、WHO(世界保健機構)では、磁界の強さ(磁束密度。202ページ参照)で、50[Hz]で100[μT]、60[Hz]で83[μT]以下を安全指針としています。

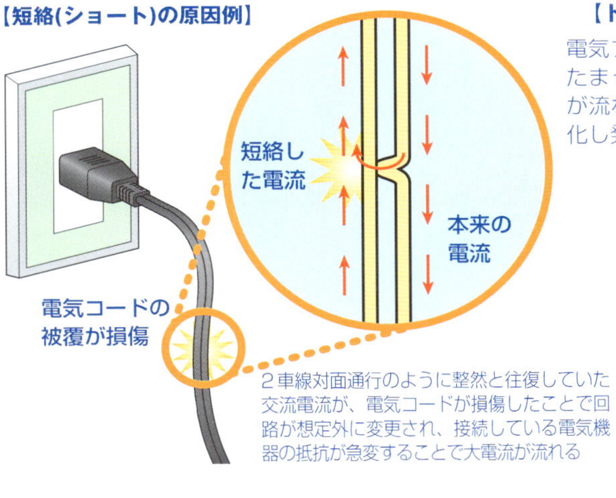

短絡した電流
本来の電流
電気コードの被覆が損傷
2車線対面通行のように整然と往復していた交流電流が、電気コードが損傷したことで回路が想定外に変更され、接続している電気機器の抵抗が急変することで大電流が流れる

電気プラグの電極間にたまった埃に微弱電流が流れ続けることで炭化し発火に至る

電気の不思議 4－4

蛍光灯

進化を続ける照明のエース！

■白熱電球から蛍光灯へ

世界で最初に発明された照明は、放電現象を応用した放電灯のアーク灯です。しかし、当時は放電現象を安定させるのが難しかったので、ガス灯やエジソンらによる白熱電球が先に普及しました。時代が進み、真空中の放電現象の研究が進んだことで、1890年にはガラス真空管に水銀を封入し電流を制限しながら放電を起こすという水銀灯の基礎的な技術が確立され、20世紀に入ると、クロードがネオン灯を、インマンが蛍光灯を発明し、放電灯の地位が徐々に上がっていくことになります。

白熱電球は、単純な構造なため、量産が容易で価格が安く、一般家庭から産業分野まで幅広く利用されていますが、使う電気エネルギーに対する可視光線(人間の目に見える光)への変換効率が10％程度と低いこと、電圧が高いと寿命が短くなることなどの欠点が目立つようになりました。

そこで、近年では、蛍光灯や発光ダイオード(LED)球が照明機器の主役になりつつあります。

【白熱電球】　直流電源用電球の場合

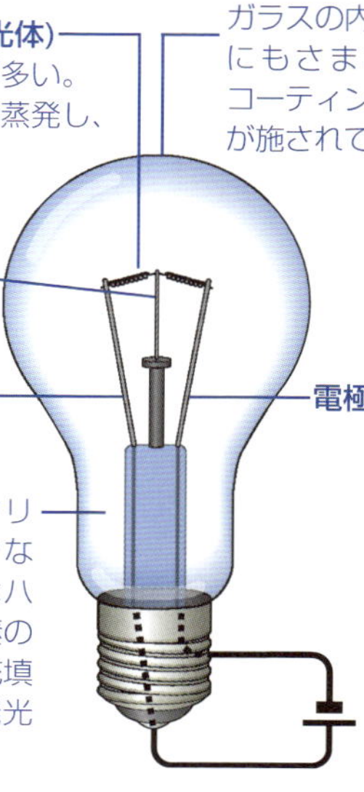

フィラメント(発光体)
タングステン製が多い。発熱の経年変化で蒸発し、折れた時が寿命
ガラスの内外表面にもさまざまなコーティング技術が施されている
フィラメントの支柱
電極線(－)ヒューズ付き
電極線(＋)
窒素･アルゴン･クリプトン･キセノンなどの気体、またはハロゲン(臭素や塩素の化合物の総称)を充填して可視光線の発光効率を上げている

■ 蛍光灯

蛍光灯は、長寿命で、使う電気エネルギーに対する可視光線への変換効率が白熱電球に比べて高いのが特徴です。

蛍光灯の発光原理は、まさしくレントゲンらが実験を繰り返した陰極線管で、放電灯の技術を改良した製品です。水銀やアルゴンなどの気体をわずかに入れた真空のガラス管内に高い電圧をかけて電子ビームを飛ばし、電子と水銀やアルゴンが衝突した時に放出される紫外線が、蛍光管内表面の蛍光体に当たって発光するという原理です。

蛍光灯は、直管型·電球型·サークライン(リング)型などの形状、点灯管·ラピッドスタート·インバータなどの点灯方式、青白色·昼白色·電球色などの発光色、消費電力による分類があります。

このうち発光色は、色温度とよばれる分類です。火が燃えている時、温度が低ければ赤く見え、温度が高くなっていくにつれて青くなって見えますね。このように燃焼温度は色を見ればある程度わかります。これを色温度とよびます。なお、色温度の単位は絶対温度のケルビン[K]です。絶対温度とは物質を構成する粒子の運動量が0の時の最低温度－273.15°((0[K](ケルビン))に対する相対的な温度のことで、蛍光灯などの照明器具は、この色温度を基準に照明の色を表現しています。

発生した紫外線が蛍光管の
内表面に塗布された蛍光体
に当たって発光する

【蛍光灯の発光原理】

交流電源用蛍光管の場合

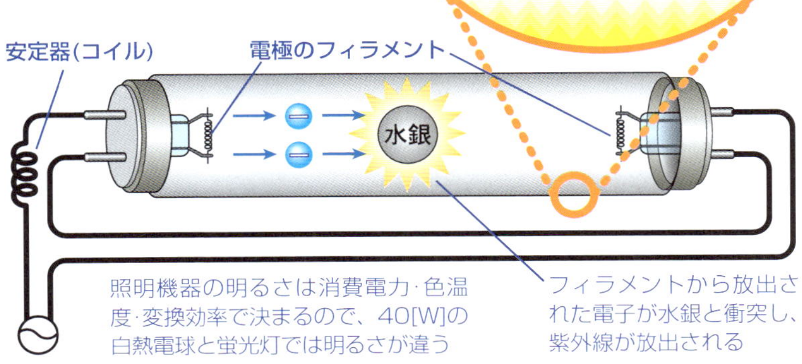
安定器(コイル)
電極のフィラメント
水銀
照明機器の明るさは消費電力·色温度·変換効率で決まるので、40[W]の白熱電球と蛍光灯では明るさが違う
フィラメントから放出された電子が水銀と衝突し、紫外線が放出される

電気の不思議 4−5

冷蔵庫、クーラー

難しい冷却技術の実用化！

■物を冷やすとは？　物が冷えるとは？

さて、物を暖める方法は誰でも想像できるでしょう。火を使う、太陽光線に当てる、摩擦する、･･･。しかし、逆に冷やすとなると、たいていの人は思い付かないはずです。「氷や雪を使えばいい」。確かにそうですが、夏の暑い時期にそれらを手に入れることは簡単ではありませんし、すぐに融けてなくなってしまいます。ではどうするか？　第２章でお話ししたペルチェ効果もその１つですが、冷却技術の主流は、気体の圧縮と膨張を利用するものになりました。ヒントは、お風呂のお湯の暖まり方や空に浮かぶ雲にあります。

まず、気体の断熱膨張です。酸素や窒素などの気体は、外部との熱のやりとりがない場合、膨張する(体積が増える)と温度が下がります。

次に気化熱です。液体が気体に変化する時には熱エネルギーが必要です。これを気化熱といいます。圧力を下げて、強制的に液体を気体に変換させると、液体が周囲の熱を吸収することで気体に変わります。キャンプなどで使うブタンガスのカートリッジ式ボンベに穴を開け、液体ガ

【物を冷やす方法】

古くは、雪室や氷室

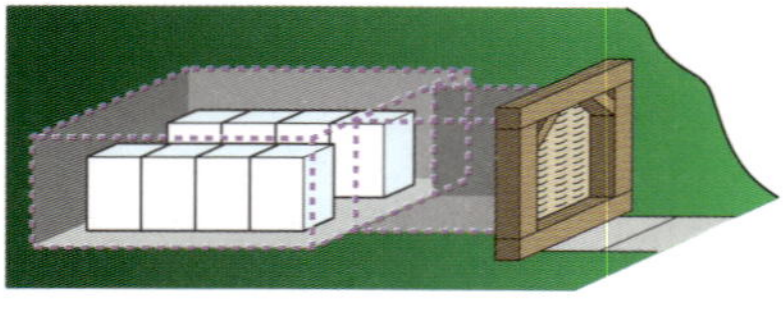

最近では、ペルチェ素子や冷蔵庫、クーラー

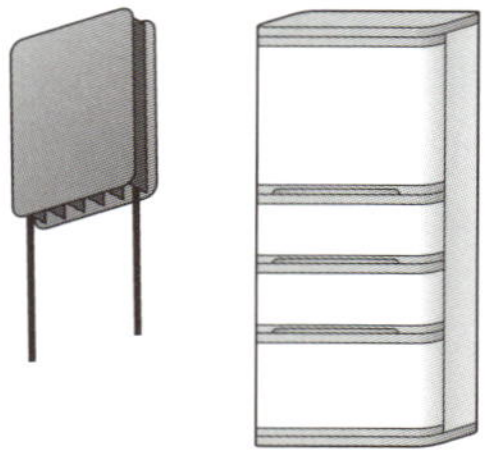

スを気化させて排出させると、容器が触れなくなるほど冷えるのが体験できます。

冷蔵庫やクーラーの冷却装置は、この気体の断熱膨張や気化熱という性質を利用した方式で、20世紀前半に開発され、改良が進められた技術です。当初は気体の圧縮や膨張の効率がいいフロンの気体を使っていましたが、フロンが上空のオゾン層を破壊することがわかってからは、オゾンを分解しないハイドロクロロフルオロカーボンなど、フロン代替物質への切り替えが進んでいます。近年ではさらに、二酸化炭素を出さないフロン代替物質にした冷蔵庫も商品化されました。

■ 冷蔵庫やクーラーの冷却原理

気体の断熱膨張や気化熱を理解したところで、冷蔵庫やクーラーなどで多く採用されている冷却技術の基本的な原理を説明しましょう。

まず、冷媒(いろいろな気体)をコンプレッサ(圧縮機)で圧縮します。この冷媒を、ポンプを使って冷却室内に一気に引き出して膨張させ周囲の熱を奪います。冷蔵庫内の空気やクーラーの吹き出し冷気は、この時に冷却されます。冷媒は熱を受け取って高温になるので、冷却室外に出し、再度コンプレッサに送り込みます。これを繰り返しているのです。冷蔵庫やクーラーの消費電力のほとんどは、コンプレッサで冷媒を圧縮する時に使われています。

【冷蔵庫やクーラーの冷却原理】

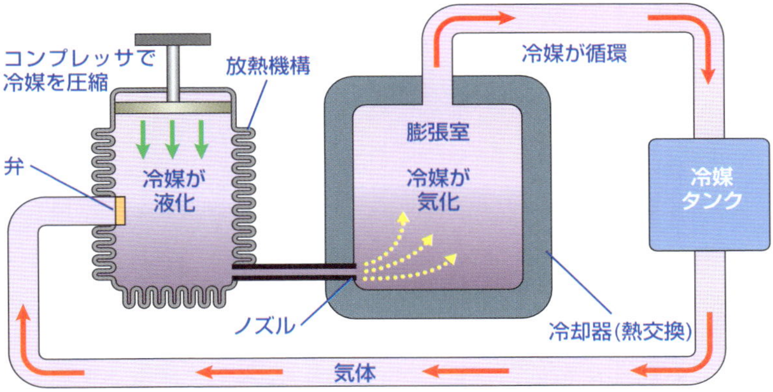

電気の不思議 4－6

電子レンジ、IHヒーター、水蒸気オーブン

これぞ現代技術、魔法の調理器！

■ 電子レンジ(マイクロウェーブ)

電子レンジは電磁波を使った加熱調理器具です。電子レンジという名称は日本独特のもので、英語圏ではマイクロウェーブとよばれています。日本語名は最新技術を駆使した調理器具としてのイメージを、英語名は加熱の原理をそのまま表現しています。

一般の電子レンジでは、水の分子が振動する周波数と同じ2.5[GHz]の電磁波(極超短波帯域。慣習的にマイクロ波とすることもある。187ページ参照)を食品に照射し、食品に含まれている水分子の電子を振動させ、その振動の摩擦熱が熱エネルギーとなって放出され、食品全体を暖めるという仕組みです。水分子をほとんど含まない鉄やアルミニウムなどの金属は照射される電磁波を跳ね返してしまうので、火花が出たりして危険です。容器や卵など、密閉された空間がある場合にも、摩擦熱が大量に発生することで内部の気体の圧力が高くなり、限界を超えると爆発することがあります。だから、このような食品も電子レンジでは使用禁止なのです。

【電子レンジによる加熱の原理】

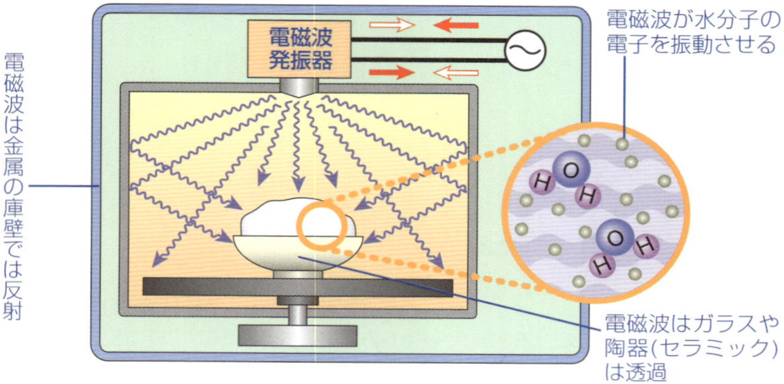

交流電流
電磁波発振器
電磁波が水分子の電子を振動させる
電磁波は金属の庫壁では反射
電磁波はガラスや陶器(セラミック)は透過

電気ヒーターからIHヒーターへ

電気オーブン、ホットプレート、電気ストーブなど、電気ヒーターの類は、抵抗値の大きいニクロム線などに電流を流すことで発熱させるという加熱機器ですが、制御が簡単で、価格も安いことから、熱を制御する用途に幅広く使われています。しかし、消費電力が大きく、水周りで使うのにあまり適しません。そこで登場したのがIH(Induction Heating：コイルの交流インダクタンスによる発熱)ヒーターです。オール電化住宅の大規模な営業努力などもあり、徐々に普及を始めました。

IHヒーターによる加熱の原理は誘導渦電流です。交流電源にコイルを接続し、鍋を置くレンジの下部に設置します。コイルに交流電流が流れると、電磁誘導の原理で磁界が発生し、交流電流なので磁界が変化するため、コイルのそばにある金属の鍋底には導線不要の誘導渦電流が発生します。誘導渦電流によって鍋底の金属が発熱するという仕組みです。

IHヒーターでの加熱では鍋のみが発熱するので、ヒーター部分にさわっても熱くなく、炎も出ず、熱損失が少ないなど利点がありますが、電気抵抗の小さいアルミ鍋では発熱が弱いこと、電磁誘導が発生しない土鍋、ガラス鍋、ホーロー鍋などは使えないことなど、鍋の材質を選ぶ機器のため、今後の技術改良が待たれます。

この他、高温の水蒸気を吹き付けて加熱する調理機器「水蒸気オーブン」も登場しましたが、今後、普及していくかどうかは、省エネ、温室効果に低影響、低コスト、安全などが評価されるかどうかにかかっています。

【IHヒーターによる加熱の原理】

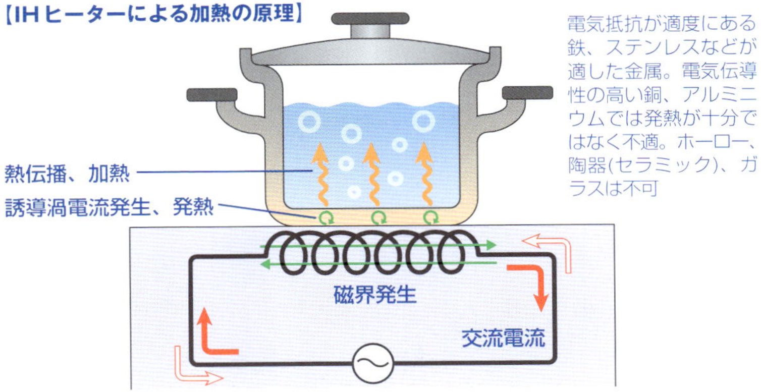
電気抵抗が適度にある鉄、ステンレスなどが適した金属。電気伝導性の高い銅、アルミニウムでは発熱が十分ではなく不適。ホーロー、陶器(セラミック)、ガラスは不可
熱伝播、加熱
誘導渦電流発生、発熱
磁界発生
交流電流

電気の不思議 4－7

リモートコントローラ

技術の飛躍が期待される便利な小道具！

■ リモコン(リモートコントローラ)の誕生

「リモコン」は和製英語で、「遠隔制御器」という意味です。正式名称は「ワイヤレスコントローラ」で、「無線制御器」という意味です。

リモコンの初期のものはワイヤード(有線)式でしたし、1955年頃にアメリカの音響機器メーカーがワイヤレス(無線)式を開発した後もしばらくは超音波式しかなく、超音波式の場合は室内の他の音で誤作動することがありましたが、現在のような精度の高い赤外線式のリモコンが実用化されたことで、一気に普及しました。リモコンは一般に送信器ですが、用途によって送受信双方向のリモコンも開発されています。

■ リモコンの動作原理

赤外線式リモコンは、操作命令の電気信号をある周波数の赤外線(赤外

【リモコンの動作原理例】

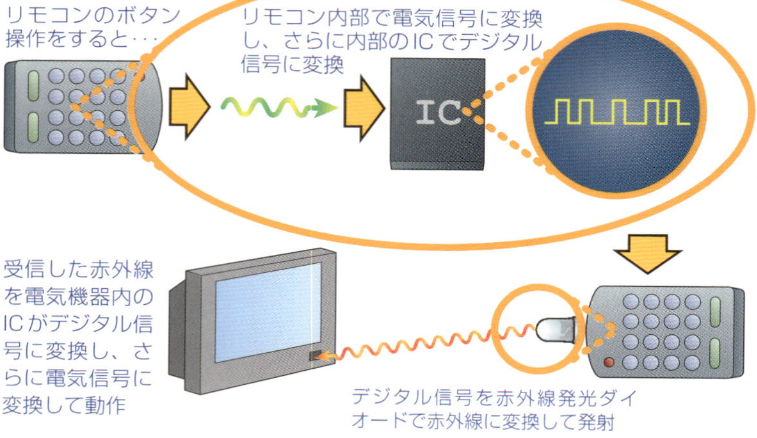
リモコンのボタン操作をすると･･･
リモコン内部で電気信号に変換し、さらに内部のICでデジタル信号に変換
IC
受信した赤外線を電気機器内のICがデジタル信号に変換し、さらに電気信号に変換して動作
デジタル信号を赤外線発光ダイオードで赤外線に変換して発射

線も電磁波の一種)に変換して発射し、受信機側の受光素子が赤外線を電気信号としてとらえて、電気機器を動作させる仕掛けになっています。

■ 近接センサー

近接センサーとは、ある条件が変化すると動作する電源スイッチのことで、赤外線や可視光線などの電磁波、音波、磁界などの変化(遮蔽·反射·移動)を感知するセンサーです。

一般的な電波や音波を使うタイプでは、発射した電波や音波が、発射方向を通過する物体によって反射して戻ってきた時に、その変化を計算して動作する仕組みになっています。用途として、自動扉、夜間照明、自動カメラ、安全装置、工場の製造ラインでの製品数カウントなどがあります。

■ 自動点滅器

自動点滅器は、可視光線センサーと電源スイッチを内蔵し、受け取る明るさの変化を感知して動作する電源スイッチです。

前述の近接センサーとの違いは、周囲の明るさを判断して動作する点です。夜間の来客用や防犯の目的で設置されることの多い自動点滅器では、夕方になって周囲が暗くなると電源スイッチが入るようになっています。これは、公共の街灯に採用されている機構と同じものです。

【近接センサーの動作原理例】

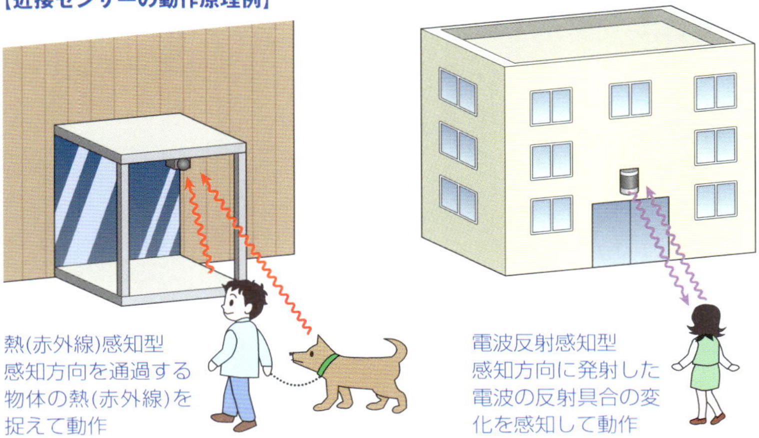
熱(赤外線)感知型
感知方向を通過する物体の熱(赤外線)を捉えて動作
電波反射感知型
感知方向に発射した電波の反射具合の変化を感知して動作

電気の不思議 4−8

電波と波長、周波数

携帯、カーナビ、地上デジタル　不足する周波数！

■ 周波数は有限

ラジオやテレビなどの放送や各種通信では、情報を電気信号にしてから電波に変換し送信されます。その電波を区別するために周波数を変えなければなりません。周波数は有限なものなので、混信など他の通信の邪魔にならないように、「どこからどこまでは誰が使う」かが厳密に決められています。日本では総務省が周波数を管理しており、それぞれ無線局免許を発行しています。警察や消防の無線、アマチュア無線、船舶通信、ラジオ、テレビ、携帯電話、衛星放送、カーナビゲーションシステムにも使われるGPSなど、多様な電波が大量に飛び交う現在、周波数の空きは少なくなってきています。国際間での調整も必要です。

電波は周波数によって性質が変わります。高い周波数は情報量を増やせますが、性質が光に近くなって直進性が高くなり、地形や建物などの障害物に弱くなります。衛星放送ならば[GHz](10億[Hz])という高い周波数で宇宙から直進してくるので障害物はないのですが、発達した雨雲が電波を遮ってしまうことがあります。低い周波数は上空の電離層や地上の障害物で反射するので遠くまで電波を飛ばすことができ、船舶無線や国際放送などに使われていますが、送れる情報量は限られています。

このように、周波数は波長によって特性が違うので、大雑把に、短波、中波、長波、超長波などに分類されてよばれますが、中波放送はAM(振幅変調)、FM(周波数変調)などと変調方式でよばれることもあります。なお、FM放送の一部には文字情報を同時に送信するサービスもあります。見えるラジオとよばれるシステムで、周波数の空きを有効活用して文字情報を送っています。そして、いよいよハイビジョンと地上波デジタル放送の時代が近づき、ますます電波の管理の重要性が増しています。

電磁波などの分類例と利用用途（単位については202～203ページ参照）

（単位については202～203ページ参照）

分類名1（慣習名）	おおよその波長帯域（m：メートル）	おおよその周波数範囲（Hz：ヘルツ）	おもな利用用途	分類名2
超長波	10[km]以上	30[kHz]以下	標準電波、航行用電波	電波
長波	10[km]～1[km]	30[kHz]～300[kHz]	電波時計、船舶通信 航空機通信	電波
中波	1[km]～100[m]	300[kHz]～3[MHz]	AMラジオ放送、気象通報	電波
短波	100[m]～10[m]	3[MHz]～30[MHz]	短波ラジオ放送、 ラジコン（ラジオコントローラ） トランシーバ	電波
超短波	10[m]～1[m]	30[MHz]～300[MHz]	FMラジオ放送 VHFテレビ放送	電波
極超短波	1[m]～10[cm]	300[MHz]～3[GHz]	地上デジタルテレビUHF放送 UHFテレビ放送、携帯電話 アマチュア無線、電子レンジ コードレス電話機の子機	電波
マイクロ波	10[cm]～100[μm]	3[GHz]～3[THz]	衛星放送、衛星データ通信 無線LAN、レーダー	電波
赤外線	100[μm]～800[nm]	3[THz]～375[THz]	リモコン、暗闇撮影、加温	光
可視光線	800[nm]～300[nm]	375[THz]～1[PHz]	人間の目に見える光 （個人差がある） 赤→橙→黄→緑→水→青→紫	光
紫外線	300[nm]～100[pm]	1[PHz]～3[EHz]	殺菌、光電効果	光
X線	100[pm]～1[pm]	3[EHz]～300[EHz]	レントゲン写真 非破壊内部検査	放射線
ガンマ線	1[pm]以下	300[EHz]以上	科学・産業技術研究	放射線

アンテナと放送方式

変わらないアンテナ技術と変わる放送方式！

■ アンテナとは

アンテナは空中を伝播する電波に反応する機器です。レンツやマルコーニらが実験で使った針金の輪がアンテナの原型ですが、現在でもその原理は同じで、放送局の電波塔などから電気信号に変換された音声や映像が電波として発射され、空中を伝搬してアンテナに届くと、電磁誘導の原理で、アンテナのエレメント(とんぼの羽根のような金属の素子)の中の自由電子が動かされ電流となります。この電流が電気信号として回路に伝わり、ラジオやテレビで音声や映像が蘇るという仕組みです。

■ アンテナの性能

ラジオやテレビなどの受信機の性能が良くても、元になる電波が弱くては情報の受信はうまくいきません。アンテナは、そのための重要な働きである増幅(電気信号のパターンを量的に拡大すること)も行います。

アンテナは、エレメントが多いほど指向性が高くなり、効率が上がります。逆に、常に移動する車などのアンテナには指向性をもたない１本棒のダイポールアンテナが、衛星放送のように弱い電波が一定方向からくる場合にはパラボラアンテナが使われます。

日常的によく目にする屋根やバルコニーに設置されたアンテナは、テレビ放送用の八木・宇田アンテナですが、テレビではVHFとUHFという２つの周波数帯を使っているので、それぞれの周波数帯に合った、電波を効率的に捉えるための工夫がなされています。

■ ハイビジョンと地上波デジタル放送

ブラウン管テレビの項でお話ししましたが、ハイビジョンとは、次世代高画質テレビ放送を目指してつくられた放送規格です。かつてアナログハイビジョンとよばれる放送方式が日本から世界各国へ提案されましたが否決され、情報量が多く電波を有効利用できるデジタルハイビジョン方式に移行することになりました。しかし、デジタルハイビジョン方式では日本が開発したISDB(Integrated Services Digital Broadcasting)という規格が採用されました。これに伴い日本国内では、現在のVHFで送信する地上波アナログ放送は、2011年にUHFで送信する地上波デジタル放送に完全に切り替わります。

【地上波デジタル放送移行時代のアンテナ設置例】

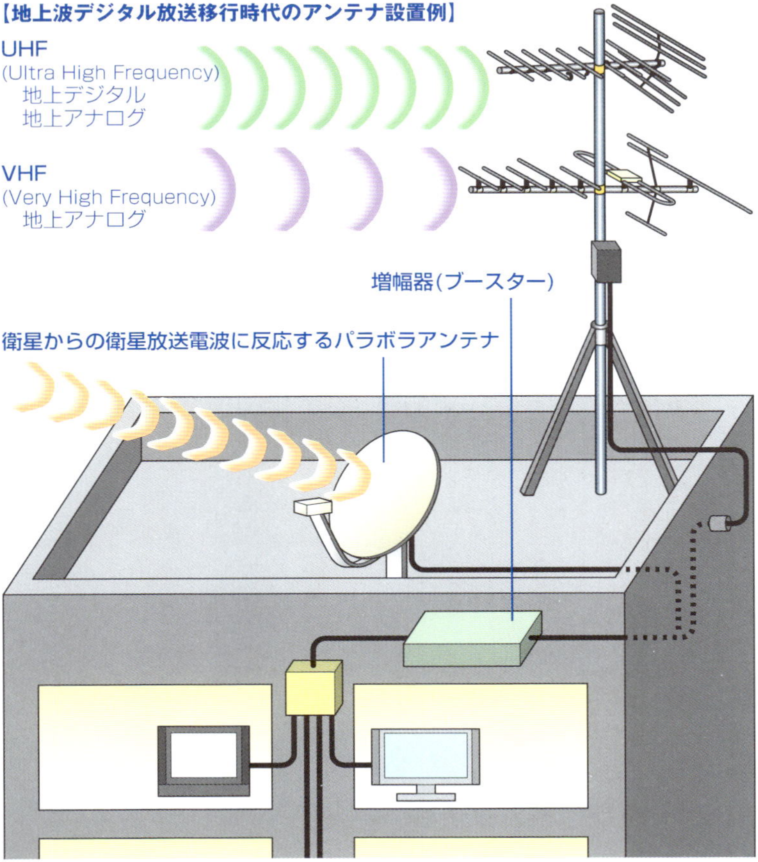
UHF
(Ultra High Frequency)
地上デジタル
地上アナログ
VHF
(Very High Frequency)
地上アナログ
増幅器(ブースター)
衛星からの衛星放送電波に反応するパラボラアンテナ

電気と人体

人体も電気仕掛けなのです！

■ 人体電気の研究

1682年、ハービーによって心臓が血を循環させていると発表されましたが、1800年頃のガルバーニの研究までは、人体電気についてはまったくの未知だったようです。1903年、アイントホーフェンが、心臓から1[mV]程度の弱い電圧が発生していることを発見し、それを記録したものを心電図と名付けています。その後の研究で、正負のイオン物質のバランスを利用した小さな電池のような細胞でつくられる電気信号で心臓の筋肉を動かしているメカニズムが解明されました。

■ 神経、脳、筋肉

神経は外部からの刺激を脳に伝え、脳からの指令を体の隅々に届ける重要な役割を担っています。刺激を力に変えたり脳に伝えたりするため、神経の先端にはシナプスとよばれる器官があります。通信線とセンサーのような関係で電気的なものと化学的なものがあり、その役割は密接に関わり

【人工電気と人体電気の比較】

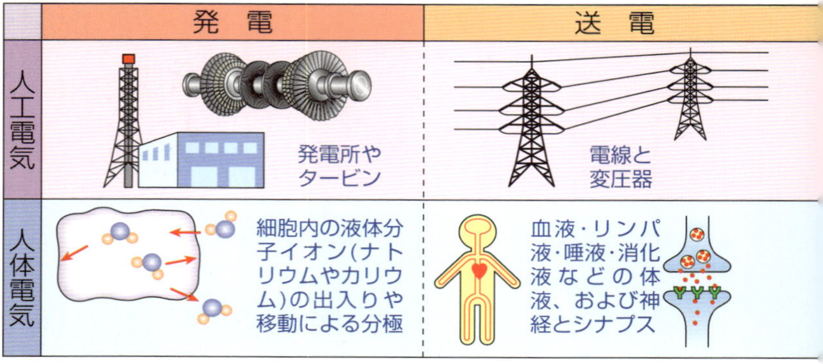

	発 電	送 電
人工電気	発電所やタービン	電線と変圧器
人体電気	細胞内の液体分子イオン（ナトリウムやカリウム）の出入りや移動による分極	血液・リンパ液・唾液・消化液などの体液、および神経とシナプス

合っているのですが、電気的シナプスは微弱電力しか起こせないので、速さが必要で力が不要な場所に配置されているようです。

脳で起こる化学変化と電気信号のやりとりは複雑で観察も難しいのですが、刺激や思考に反応して電気が発生するようです。脳内には情報を処理するためのニューロンとよばれる特別な細胞が140億個ほどあります。このニューロンに電流が流れることで情報を処理し、次のニューロンへ渡すので、情報を処理するたびに脳に電流が流れます。この脳の電気的な変化を活動電位とか神経インパルスとよび、これを外部から観察したのが脳波で、外部から脳のどの領域が活性化しているのかを磁気の共鳴で測定してリアルタイムで見ることのできるMRIなどの医療機械ができました。

筋肉は、脳からの指令が電気信号となって神経を伝わり、筋肉にある発電組織で増幅されて動きます。脳からの指令で制御できるのは随意筋、自律して動くものは不随意筋とよばれます。しかし、代表的な不随意筋である心臓も興奮すると動きを早めたりするので、脳の制御をまったく受けないわけではありません。筋肉を動かすための発電組織では、筋小包帯とよばれる組織に神経から「動け」という信号が伝わると、カルシウムやナトリウムのイオンを放出して電池のような電位差をつくります。この時に発生する電位差はせいぜい数[mV]なので、電気が筋肉の動力源ではなく、筋肉の制御に使われているのですが、電気を使うことによって素早い動作が可能なのです。現在、筋肉の電気信号を受けて機械を制御する人体装着型の義足や義手も開発されています。

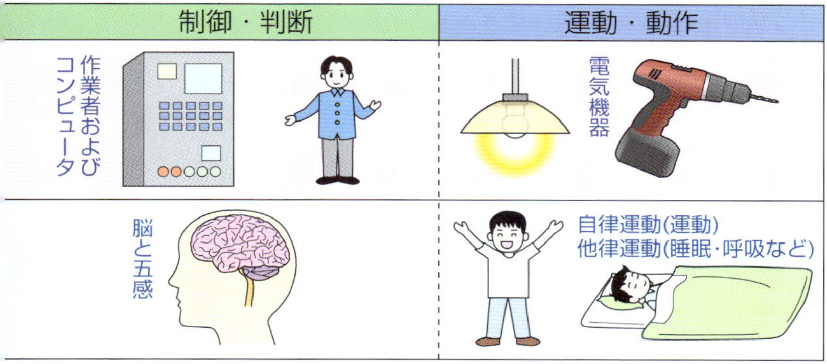
制御・判断
運動・動作
作業者およびコンピュータ
電気機器
脳と五感
自律運動(運動)
他律運動(睡眠・呼吸など)

付録 1 本書で紹介したおもな人物のプロフィール(おもに近代まで)

以下の掲載順は本文での初出順。長い名前の場合は一部省略

◆ アインシュタイン (p.14、114、118)
アルベルト・アインシュタイン　ドイツ　物理学　1879～1955
光電効果の数学的実証でノーベル物理学賞受賞。相対性理論。原子爆弾開発につながる原子核の研究。

◆ ボルタ (p.27、56、58、60、68、150)
アレサンドロ・ボルタ　イタリア　自然科学　1745～1827
メタンの発見。ボルタ電池の発明。電圧の単位[V](ボルト)に採用。

◆ アンペール (p.30、82)
アンドレマリ・アンペール　フランス　物理学　1775～1836
アンペールの右ねじの法則の発見。電流の単位[A](アンペア)に採用。

◆ ワット (p.33)
ジェームズ・ワット　イギリス　数学・技術者　1736～1819
蒸気機関の研究。出力(電力を含む)の単位[W](ワット)に採用。

◆ オーム (p.37、40、74)
ゲオルグ・ジーモン・オーム　ドイツ　数学・物理学　1789～1854
オームの法則の発見。抵抗の単位[Ω](オーム)に採用。

◆ ヘルツ (p.45、108、114)
ハインリッヒ・ヘルツ　ドイツ　物理学　1857～1894
マクスウェルやファラデーの電磁波理論の研究と実証。光電効果の発見。

◆ クーロン (p.50、64)
シャルル・オーギュスタン・クーロン　フランス　物理学・技術者　1736～1806
クーロンの法則の発見。電荷の単位[C](クーロン)に採用。

◆ ギルバート (p.51、202)
ウィリアム・ギルバート　イギリス　医者・物理学　1544～1603
磁石・方位磁針・静電気の研究。「琥珀」を語源とする「電気」という用語の提唱。起磁力の単位[Gb](ギルバート)に採用。

◆ ゲーリッケ (p.52)
オットー・ゲーリッケ　ドイツ　技術者・政治家　1602～1686
真空の研究。真空ポンプの発明。静電気発生器の発明。

◆ グレイ (p.53)
ステファン・グレイ　イギリス　天体観測技術者　1670～1736
静電気の研究。導体と絶縁体の発見。

◆ デュフェイ (p.53)
チャールズ・フランコス・デュフェイ　フランス　化学　1698～1739
静電気の研究。樹脂電気とガラス電気の提唱。

◆ クライスト (p.54)
エバルド・ゲオルグ・フォン・クライスト　ドイツ　牧師・科学者　1701～1748
ライデン瓶の発明。自分の体を使った感電実験。

◆ ミュッシェンブレーク (p.54)
ピーター・ファン・ミュッシェンブレーケ　オランダ　物理学　1692～1761
静電気の研究。ライデン瓶の発明(2番手)。

◆ フランクリン (p.62)
ベンジャミン・フランクリン　アメリカ　政治家・物理学・気象学　1706～1790
避雷実験。避雷針の発明。

◆ ガウス (p.65、202)
ヨハン・カール・フリードリッヒ・ガウス　ドイツ　数学　1777～1855
複素数平面など解析数学研究で多くの成果。磁力の数学的な法則を解明。磁束密度の単位[gauss](ガウス)に採用。

◆ ウェーバ (p.65、202)
ウィルヘルム・エドゥアルト・ウェーバ　ドイツ　物理学　1804～1891
地磁気研究。ガウスとともに電界や磁界の強さの単位の整理。磁束の単位[Wb](ウェーバ)に採用。

◆ ガルバーニ (p.66、150、190)
ルイジ・ガルバーニ　イタリア　医者・生物学　1737～1798
静電気の医学への応用研究。動物電気の研究。雷の研究。ガルバーニ電池(ボルタ電池)、ガルバノメーター(電流計)への名前の採用。

◆ ダニエル (p.69、150)
ジョン・フレデリック・ダニエル　イギリス　化学　1790～1845
ボルタ電池の研究。ダニエル電池の発明。

◆ デービー (p.69)
ハンフリー・デービー　イギリス　化学　1778～1829
アーク灯の発明。ボルタ電池による物質の分解研究。6つの元素(カリウム、カルシウム、ナトリウム、バリウム、マグネシウム、ストロンチウム)の発見。

◆ ファラデー (p.69、85、87、90、92、110)
マイケル・ファラデー　イギリス　物理学・化学　1791～1867
ベンゼンの発見。電気分解の法則の科学的解明。電磁誘導の法則の発見。電磁波の研究。静電容量の単位[F](ファラッド)に採用。

◆ カーライル (p.70)
アントニー・カーライル　イギリス　医者・解剖学　1768～1840
ボルタ電池の研究。電気分解現象の発見。

◆ ゼーベック (p.72)
トーマス・ヨハン・ゼーベック　ドイツ　医者・物理学　1770～1831
ゼーベック効果の発見。

◆ ペルチェ (p.73)
J・C・A・ペルチェ　フランス　技術者・科学者　1785～1845
ペルチェ効果の発見。

◆ キルヒホッフ (p.75)
グスタフ・ロベルト・キルヒホッフ　ロシア　物理学　1824～1887
キルヒホッフの法則の発見。分光学の研究。

◆ エルステッド (p.80、202)
ハンス・クリスチャン・エルステッド　デンマーク　物理学　1777～1851
電流の磁気作用の発見。アルミニウムの抽出。磁界の単位[e](エルステッド)に採用。

◆ ビオ (p.84)
ジャン・バティスト・ビオ　フランス　物理学　1774～1862
ビオ・サバールの法則の発見。

◆ サバール (p.84)
フェリックス・サバール　フランス　物理学　1791～1841
ビオ・サバールの法則の発見。

◆ アラゴ (p.84)
フランソワ・アラゴ　フランス　政治家・科学者　1786～1853
電磁気学の研究。アラゴの円盤の発明。

◆ スタージョン (p.84)
ウィリアム・スタージョン　イギリス　技術者　1783～1850
電磁石の発明。

◆ ヘンリー (p.84、85、86、91)
ジョセフ・ヘンリー　アメリカ　科学者　1797～1878
電磁誘導の発見(2番手)。自己誘導の発見。コイルのインダクタンスの単位[H](ヘンリー)に採用。電磁石の実用化。

◆ レンツ (p.86、91、188)
ハインリヒ・レンツ　ロシア・ドイツ　物理学　1804～1865
レンツの法則の発見。ジュールの法則の発見(2番手)。

◆ ゴラール (p.87)
ルシアン・ゴラール　フランス　技術者　1850～1888
変圧器の発明(ジョン・ギブスと共同)。

◆ フレミング (p.88、162)
ジョン・アンブローズ・フレミング　イギリス　技術者・物理学　1849～1945
フレミングの法則の発見。ドーバー海峡・大西洋無線通信に成功(マルコーニと共同)。

◆ ピクシー (p.91)
ネグロ・ヒッポライト・ピクシー　フランス　物理学　1804～1851
発電機の発明者の一人。

◆ グラム (p.91)
ツェノーベ・セオフィル・グラム　ベルギー　技術者　1826～1901
発電機の実用化。

◆ エジソン (p.94、104、151、162、178)
トーマス・アルバ・エジソン　アメリカ　技術者・実業家　1847～1931
蓄音機の発明。電話機の改良。直流電力の事業化。白熱電球の発明。その他、多数の実用製品の発明。

◆ テスラ (p.96、202)
ニコラ・テスラ　アメリカ　技術者　1857～1943
誘導電動機の発明。交流電力の事業化。磁束密度の単位[T](テスラ)に採用。

◆ ジーメンス (p.96、202)
エルンスト・ベルナー・フォン・ジーメンス　ドイツ　実業家・工学 1816～1892
発電機の改良。電気機関車の発明。コンダクタンスの単位[S](ジーメンス)に採用。

◆ モールス (p.103)
サムエル・F・B・モールス　アメリカ　画家・実業家　1791～1872
モールス信号の発明。電信機の発明。

◆ グレイ (p.104)
エリシャ・グレイ　アメリカ　実業家　1835～1901
電話機の発明(2番手)。ファクシミリの発明。

◆ ベル (p.104、120)
A・グラハム・ベル　イギリス・カナダ・アメリカ　音声学・実業家　1847～1922
電話機の発明。ベル電話会社の起業。

◆ マルコーニ (p.105、188)
グレルモ・マルコーニ　イタリア　技術者・実業家　1874～1937
無線通信機の発明。ドーバー海峡・大西洋無線通信(フレミングと共同)の成功。ノーベル物理学賞。

◆ フェッセンデン (p.105)
レジナルド・オーブレイ・フェッセンデン　カナダ　技術者　1866～1932
無線音声電話の成功。

◆ 鳥潟右一(とりがたういち)　(横山英太郎、北村政治郎) (p.105)
技術者　1883～1923
横山・北村と共同で無線電話機(TYK式)の実用化の成功。

◆ マクスウェル (p.107、202)
ジェームズ・クラーク・マクスウェル　イギリス　物理学　1831～1879
電磁気学の理論を整理したマクスウェルの方程式の完成。磁束の単位[Mx](マクスウェル)に採用。

◆ プリュッカー (p.110)
ユリアス・プリュッカー　ドイツ　数学・物理学　1801～1868
クルックス管・ガイスラー管の発明と真空放電実験の成功。

◆ ガイスラー (p.110)
J・ハインリッヒ・ウィルヘルム・ガイスラー　ドイツ　物理学　1814～1879
真空放電実験の成功。真空放電管の発明。ガイスラー管の発明。

◆ ヒットルフ (p.110)
ウィルヘルム・ヒットルフ　ドイツ　物理学・化学　1824～1914
真空放電の研究。

◆ ゴールドシュタイン (p.110)
ユゲン・ゴールドシュタイン　ポーランド・ドイツ　物理学　1850～1930
真空放電の研究。

◆ クルックス (p.110)
ウィリアム・クルックス　イギリス　物理学　1832～1919
真空放電の研究。クルックス管の発明。

◆ トムソン (p.111)
ジョセフ・ジョン・トムソン　イギリス　物理学　1856～1940
真空放電の研究。陰極線の研究。電子の存在の特定。質量分析器の発明。電荷の質量の測定。気体の電気伝導理論。ノーベル物理学賞。子のジョージ・パジェット・トムソンもノーベル物理学賞。

◆ ローレンツ (p.111)
ヘンドリック・アントーン・ローレンツ　オランダ　物理学　1853～1928
電磁場理論の研究。ローレンツ力。ゼーマン効果。ノーベル物理学賞。

◆ レントゲン (p.112、179)
ウィルヘルム・コンラッド・レントゲン　ドイツ　物理学　1845～1923
X線(謎の陰極線)の発見。第1回ノーベル物理学賞受賞者。

◆ スミス (p.114)
ウィラウビイ・スミス　イギリス　技術者　1828～1891
セレン元素の光電現象を発見(同僚のメイと共同)。

◆ ハルバックス (p.114)
L・F・ハルバックス　ドイツ　物理学　1859～1922
光電効果の研究。

◆ レナード (p.114)
F・E・A・V・レナード　ハンガリー・ドイツ　物理学　1862～1947
光電効果の研究。陰極線の研究。ノーベル物理学賞。

◆ コンプトン (p.114)
アーサー・ホリー・コンプトン　アメリカ　物理学　1892～1962
コンプトン効果の発見。ノーベル物理学賞。

◆ ドブロイ (p.114)
モーリス・ドブロイ　フランス　物理学　1875～1960
光電効果の研究。光波・X線の研究。波の回折現象の研究。弟のルイ・ドブロイが物質波(ドブロイ波)の発見でノーベル物理学賞。

◆ マイケルソン (p.116)
アルバート・A・マイケルソン　ポーランド・アメリカ　物理学　1852～1931
マクスウェルの電磁波理論の実証。モーリーらと共同で光速度を測定(ほぼ正確)。波の干渉計の発明および観測。メートル原器。ノーベル物理学賞。

◆ モーリー (p.116)
エドワード・モーリー　アメリカ　物理学　1838～1923
マイケルソンらと共同で光速度を測定(ほぼ正確)。エーテル振動の仮説。

◆ フィゾー (p.116)
アルマン・フィゾー　フランス　物理学　1819～1896
光速度の測定(マイケルソンらの実験には及ばないが誤差約4%とかなり正確)。

◆ プランク (p.119)
M・K・E・ルードビッヒ・プランク　ドイツ　物理学　1858～1947
量子論の研究。プランク定数。ノーベル物理学賞。

◆ タウンズ (p.121)
チャールズ・タウンズ　アメリカ　物理学　1915～
レーザーの発見。電磁波の研究。ノーベル物理学賞。

◆ ショーロー (p.121)
アーサー・レオナルド・ショーロー　アメリカ　物理学　1921～1999
レーザーの研究。ノーベル物理学賞。

◆ オネス (p.122)
ヘイケ・カメルリング・オネス　オランダ　物理学　1853～1926
ヘリウムの液化に成功。超電導現象の発見。ノーベル物理学賞。

◆ ホイートストーン (p.123)
チャールズ・ホイートストーン　イギリス　物理学　1802～1875
無線電信機を開発(2番手)。鉄道用通信機の発明。リニアモーターの原理の発明。電気抵抗測定回路ホイートストーンブリッジの発明。ステレオスコープの発明。

◆ ブラウン (p.124)
カール・フェルディナント・ブラウン　ドイツ　物理学　1850～1918
ブラウン管の発明。オシログラフの発明。無線通信の研究。ノーベル物理学賞。

◆ ニプコー (p.124)
ポール・ニプコー　ポーランド・ドイツ　技術者　1860～1940
ニプコー円盤による機械光学式画像走査技術の発明。テレビの原理の実用化。

◆ ベアード (p.124)
ジョン・ロジー・ベアード　イギリス　技術者　1888～1946
ニプコー円盤による動画の遠距離テレビ送受信に成功。

◆ ファーンズワース (p.125)
フィロ・テイラー・ファーンズワース　アメリカ　発明家・事業家　1906～1971
電子式テレビの初期型の実用化。テレビの発明者の一人とされる。

◆ 高柳健次郎(たかやなぎけんじろう) (p.125)
技術者　1899～1990
ブラウン管テレビの発明。テレビの父とされる。

◆ ツボリキン (p.125)
ウラジミール・ツボリキン　ロシア・アメリカ　技術者　1889～1982
ブラウン管テレビの発明。テレビの発明者の一人とされる。電子顕微鏡の発明。

◆ ルクランシュ (p.150)
ジョルジュ・ルクランシュ　フランス　技術者　1839～1882
ルクランシュ電池の発明。

◆ 屋井先蔵(やいさきぞう) (p.150)
技術者　1864～1927
電気時計用に乾電池を発明。

◆ ホロニアック (p.158)
ニック・ホロニアック　アメリカ　物理学　1928～
発光ダイオードの発明。

◆ 中村修二(なかむらしゅうじ) (p.159)
技術者・工学　1954～
発光ダイオードの研究。青色発光ダイオードの開発。青色半導体レーザーの開発。

◆ フォレスト (p.162)
リー・ド・フォレスト　アメリカ　技術者　1873～1961
三極真空管の発明。

◆ アイントホーフェン (p.190)
ウィレム・アイントホーフェン　オランダ　医学・生理学　1860～1927
心臓で発生する電気を発見。心電図の発明。ノーベル医学生理学賞。

付録2 本書で紹介できなかったおもな近代電磁気学研究者のプロフィール

以下の掲載順はファミリーネーム(ネーム表記の最後)のカタカナ表記順
長い名前の場合は一部省略

◆ **チャールズ・T・R・ウィルソン**　イギリス　物理学　1869～1959
荷電粒子の飛跡の視覚化に成功。ウィルソンの霧箱。ノーベル物理学賞。

◆ **アンデルス・オングストローム**　スウェーデン　天文学　1814～1874
分光学の研究。長さの単位[Å](オングストローム)に採用。

◆ **ヘンリー・キャベンディッシュ**　イギリス　物理学・化学　1731～1810
水素の発見。クーロンの法則・オームの法則の予想。

◆ **マリア・キュリー**　ポーランド　物理学・化学　1867～1934
キュリー夫人の愛称で有名。ラジウム・ポロニウムの発見。ノーベル化学賞。夫のピエール・キュリーとともにノーベル物理学賞。

◆ **ジョセフ・ルイ・ゲイ・リュサック**　フランス　化学　1778～1850
気体反応の法則の解明。鉄を磁化することに成功。

◆ **ジェームズ・プレスコット・ジュール**　イギリス　化学　1818～1889
熱力学の研究。ジュールの法則の発見。熱と仕事の単位[J](ジュール)に採用。

◆ **E・R・J・A・シュレディンガー**　オーストリア　物理学　1887～1961
波動力学の研究。シュレディンガー方程式。シュレディンガーの猫。ノーベル物理学賞。

◆ **ピーター・ゼーマン**　オランダ　物理学　1865～1943
電磁場の研究。ゼーマン効果。ノーベル物理学賞。

◆ **ジェームズ・チャドイック**　イギリス　物理学　1891～1974
原子核の研究。中性子の発見。ノーベル物理学賞。

◆ **ウィリアム・トムソン**　イギリス　物理学　1824～1907
ケルビン卿の愛称で有名。熱力学・流体力学の研究。絶対零度の提唱。絶対温度の単位[K](ケルビン)に採用。

◆ **ジョン・ドルトン**　イギリス　物理学・化学・気象学　17666～1844
ドルトンの法則の発見。倍数比例の法則の発見。原子の予想。

◆ **レオパルド・ノビリ**　イタリア　物理学　1784～1835
電流計の発明。

◆ **オットー・ハーン**　ドイツ　物理学・化学　1879～1968
放射線の研究。リーゼ・マイトナーと原子核分裂を発見。ノーベル化学賞。

◆ **ベルナー・カール・ハイゼンベルク**　ドイツ　物理学　1901～1976
量子力学の研究。不確定性原理。ノーベル物理学賞。

◆ **平賀源内**　医学　1728～1780
輸入されたオランダ製の静電気発生装置「エレキテル」を模作。電磁気学の文献研究、文献発表。

◆ **ジョージ・フィッツジェラルド**　アイルランド　物理学　1851～1901
電磁気学の研究。ヘルツ・ローレンツ・マクスウェルらと肩を並べる電磁波の解明。

◆ **ジェイムズ・フランク**　ドイツ　物理学　1882～1964
光電効果の研究。ヘルツと共同による量子エネルギーの実験。ノーベル物理学賞。

◆ **M・K・E・L・プランク**　ドイツ　物理学　1858～1947
量子論の研究。エネルギー量子の発見。プランク定数。ノーベル物理学賞。

◆ **アントニー・アンリ・ベクレル**　フランス　物理学　1852～1908
放射線の発見。放射能の単位[Bq](ベクレル)に採用。ノーベル物理学賞。

◆ **ニールス・ボーア**　デンマーク　物理学　1885～1962
量子論の研究。原子モデルの構築。ノーベル物理学賞。

◆ **ユリアス・ロベルト・フォン・マイヤー**　ドイツ　医学　1814～1878
エネルギー保存の法則の発見。

◆ **ロバート・ミリカン**　アメリカ　物理学　1868～1953
光電効果の研究。電気素量の計測。ミリカンの油滴実験。ノーベル物理学賞。

◆ **トーマス・ヤング**　イギリス　科学・考古学　1773～1829
光の干渉の実験。光の波動説の提唱。弾性体のヤング率の提唱。

◆ **湯川秀樹**　物理学　1907～1981
中間子の予言。素粒子物理学の研究。日本人初のノーベル物理学賞。

◆ **アーネスト・ラザフォード**　ニュージーランド　物理学　1871～1937
α線・β線の発見。原子核の発見。ノーベル化学賞。

◆ **ヨハン・ウィルヘルム・リッター**　ドイツ　物理学　1776～1810
紫外線の発見。

付録3 電磁気に関するおもな単位

以下、電磁気に関するおもな単位を、本書で紹介していない量も含めて示します。

物理量	単位記号	日本語読み
電圧、電位差	V	ボルト
電流	A	アンペア
電力	W	ワット
電気容量	(k)VA	(キロ)ボルトアンペア
出力	WまたはPS(HP)	ワットまたは馬力
電力量	Wh	ワットアワー
電気抵抗	Ω	オーム
コンダクタンス（抵抗の逆数。電流の流れやすさ）	S	ジーメンス
交流の周波数	Hz	ヘルツ
交流の周波数　※現在、廃止	C/s	サイクル・パー・セカンド
交流の周期	s	セカンド(秒)
電荷	C	クーロン
コイルのインダクタンス	H	ヘンリー
起磁力	Gb	ギルバート
磁界の強さ	Oe	エルステッド
磁束	Wb	ウェーバ
磁束	Mx	マクスウェル
磁束密度	T	テスラ
磁束密度	gauss	ガウス
コンデンサの静電(蓄電)容量	F	ファラッド
色温度(絶対温度)	K	ケルビン
熱または仕事の量	J	ジュール
放射能の強さ	Bq	ベクレル
照度	lux、lx	ルクス

付録4 SI国際単位系

電気に限りませんが、小さな値や大きな値を扱ったりする時には、本来の単位の前に[k](キロ)や[m](ミリ)といった単位を補助で付加することで、1000倍、100万倍、･･･、あるいは1000分の1、100万分の1、･･･を簡潔に表します。

現在は、なるべくSI国際単位系という取り決めに合わせようということで、これをSI接頭辞、補助単位、倍率単位、分量単位などとよび、国際的に通用する表現方法です。

例として、距離や長さを表す単位[m](メートル)で考えてみましょう。1000[m]は10^3[m]や1[km]、0.001[m]は10^{-3}[m]や1[mm]とも表せるということです。

電気では、電力を[kW](キロワット)、電流を[mA](ミリアンペア)などのように、普段よく目にする単位にも使われています。

日本語単位(～倍)	SI接頭辞	乗数	日本語単位(～分の一)	SI接頭辞	乗数
十	da(デカ)	10^1	割(わり)、分(ぶ)	d(デシ)	10^{-1}
百	h(ヘクト)	10^2	厘(りん)、釐(り)	c(センチ)	10^{-2}
千	k(キロ)	10^3	毛(もう)、毫(ごう)	m(ミリ)	10^{-3}
万	･･････・	10^4	糸、絲(し)	･･････・	10^{-4}
･･････・	･･････・	･･･・	忽(こつ)	･･････・	10^{-5}
･･････・	M(メガ)	10^6	微(び)	μ(マイクロ)	10^{-6}
･･････・	･･････・	･･･・	繊(せん)	･･････・	10^{-7}
億	･･････・	10^8	沙(しゃ)	･･････・	10^{-8}
･･････・	G(ギガ)	10^9	塵(じん)	n(ナノ)	10^{-9}
･･････・	･･････・	･･･・	埃(あい)	Å(オングストローム)	10^{-10}
･･････・	･･････・	･･･・	渺(びょう)	･･････・	10^{-11}
兆	T(テラ)	10^{12}	漠(ばく)	p(ピコ)	10^{-12}
･･････・	･･････・	･･･・	模糊(もこ)	･･････・	10^{-13}
･･････・	･･････・	･･･・	逡巡(しゅんじゅん)	･･････・	10^{-14}
･･････・	P(ペタ)	10^{15}	須臾(しゅゆ)	f(フェムト)	10^{-15}
京(けい、きょう)	･･････・	10^{16}	瞬息(しゅんそく)	･･････・	10^{-16}
･･････・	･･････・	･･･・	弾指(だんし)	･･････・	10^{-17}
･･････・	E(エクサ)	10^{18}	刹那(せつな)	a(アト)	10^{-18}
･･････・	･･････・	･･･・	六徳(りっとく)	･･････・	10^{-19}
垓(がい)	･･････・	10^{20}	虚空(こくう)	･･････・	10^{-20}
･･････・	Z(ゼタ)	10^{21}	清浄(せいじょう)	z(ゼプト)	10^{-21}
･･････・	･･････・	･･･・	阿頼耶(あらや)	･･････・	10^{-22}
･･････・	･･････・	･･･・	菴摩羅(あんまら)	･･････・	10^{-23}
(し、じょ)	Y(ヨタ)	10^{24}	涅槃寂静(ねはんじゃくじょう)	y(ヨクト)	10^{-24}

INDEX

[数字／記号／英字]

2進法 ・・・・・・・・・・・・・・・・168
Ω ・・・・・・・・・・・・・・・・・・・・37
A ・・・・・・・・・・・・・・・・・・30,82
AM放送 ・・・・・・・・・・・・・・・186
C ・・・・・・・・・・・・・・・・・・・・・65
CCD ・・・・・・・・・・・・・・・・・128
CD ・・・・・・・・・・・・・・121,128
CMOS ・・・・・・・・・・・・・・・128
DVD ・・・・・・・・・・・・・121,128
E ・・・・・・・・・・・・・・・・・・・・・41
FM放送 ・・・・・・・・・・・・・・・186
GPS ・・・・・・・・・・・・・・・・・186
Hz ・・・・・・・・・・・・・・・・・・・・44
I ・・・・・・・・・・・・・・・・・・・・・41
IC ・・・・・・・・・・・・・・・164,166
IHヒーター ・・・・・・・・・・・・・183
LCD ・・・・・・・・・・・・・・・・・127
LD ・・・・・・・・・・・・・・・121,128
LED ・・・・・・・・・・・・・158,178
LSI ・・・・・・・・・・・・・・164,166
MO ・・・・・・・・・・・・・・121,128
MOD ・・・・・・・・・・・・・121,128
MPU ・・・・・・・・・・・・・・・・・169
MRI ・・・・・・・・・・・・・・・・・・191
N極 ・・・・・・・・・・・・・・・・77,78
N型半導体 ・140,156,158
P型半導体 ・・140,156,158
R ・・・・・・・・・・・・・・・・・・・・・41
S極 ・・・・・・・・・・・・・・・・77,78
TYK式電話 ・・・・・・・・・・・105
UHF ・・・・・・・・・・・・・187,189
V ・・・・・・・・・・・・・・・・・・26,29
VHF ・・・・・・・・・・・・・187,189
W ・・・・・・・・・・・・・・・・・・・・・33
Wh ・・・・・・・・・・・・・・・・・・・・35
X線 ・・・・・・・・107,112,187

[ア　行]

アーク灯 ・・・・・・・・・・94,178
アース(接地)
　　・・・・18,57,60,172,175
圧縮機 ・・・・・・・・・・・・・・・181
圧力発電 ・・・・・・・・・・・・・145
アノード ・・・・・・・・・・・・・・・156
アマチュア無線 ・・・・・・・・186
アラゴの円盤 ・・・・・・・・・・84
アルカリ乾電池 ・・151,152
アルゴン ・・・・・・・・・・・・・・178
アンテナ
　・・・・・38,105,109,188
アンペア ・・・・・・・・・・・30,82
アンペールの右ねじの法則
　・・・・・・・・・・・・・・・・・・・・・82
硫黄球 ・・・・・・・・・・・・・・・・52
イオン ・・・・・・・・23,24,191
位相 ・・・・・・・・・・・・・・・・・173
色温度 ・・・・・・・・・・・・・・・179
陰極線 ・・・・・・・・・・110,112
陰極線管 ・・・・・・・・124,179
インダクタ ・・・・・・・・・・・・・61
インダクタンス ・・・・81,183
インバータ ・・・・・・・・・・・・160
引力 ・・・・・・・・・・・・・・64,78
ウェーバの法則 ・・・・・・・・65
ウェストン標準電池 ・・・・・29
渦電流 ・・・・・・・84,174,183
ウラン ・・・・・・・・・・・・・・・・138
永久磁石 ・・・・・・・・・・・・・・79
衛星放送 ・・・・・・・・・・・・・186
エーテル ・・・・・・・・・・・・・・116
液晶 ・・・・・・・・・・・・・・・・・127
液晶ディスプレイ ・・・・・・126
液体窒素 ・・・・・・・・・・・・・122
液体ヘリウム ・・・・・・・・・・122
エネルギー
　・14,16,32,36,119,130
エミッタ ・・・・・・・・・・・・・・165
エレクトロン ・・・・・・・・・・・111
エレメント ・・・・・・・・・・・・・188
円形磁界 ・・・・・・・・・・・・・・82
円形電流 ・・・・・・・・・・・・・・82
エンジン ・・・・・・・・・・・・・・136
オーム ・・・・・・・・・・・・・・・・37
オームの法則 ・・・・・・40,74
オーロラ ・・・・・・・・・・・・・・・19
オキシライド乾電池 ・・・・152
オシログラフ ・・・・・・・・・・124
オゾン層 ・・・・・・・・・・・・・181
音 ・・・・・・・・・・・・・・・・・・・・15
温室効果 ・・・・・・・・・・・・・135
音波 ・・・・・・・・・・・・・・・・・185

[カ　行]

カーナビゲーションシステム
　・・・・・・・・・・・・・・・・・・・186
回転磁界 ・・・・・・・・・・96,99
街灯 ・・・・・・・・・・・・・・・・・185
ガウスの法則 ・・・・・・・・・・65
化学電池 ・・・・・・・・151,152
核分裂 ・・・・・・・・・・・・・・・139
可視光線 ・・・120,178,187
可視光線センサー ・・・・・185
ガスタービン発電 135,137
ガス灯 ・・・・・・・・・・・・94,178
カソード ・・・・・・・・・・156,162
ガソリンエンジン ・・・・・・136
過電流 ・・・・・175,176,183
可変抵抗 ・・・・・・・・・・・・・・38
雷 ・・・・・・・・・・・・・・・・18,62
ガラス真空管
　・・・・110,112,162,178
ガラス電気 ・・・・・・・・53,63
火力発電 ・・・・・・・・・・・・・134
ガルバーニ電池 ・・・・68,150
慣性系 ・・・・・・・・・・・・・・・118
感知 ・・・・・・・・・・・・・・・・・185
感電 ・・・・・・・・・・・・・・・・・176
乾電池 ・・・・・・・・・・151,152
ガンマ線 ・・・・・・・・・107,187
気化熱 ・・・・・・・・・・・・・・・180
キセノン ・・・・・・・・・・・・・・178
気体の断熱膨張 ・・・・・・180
起電力 ・・・・・・・・・・・・28,75
キャパシタ ・・・・・・・・・・・・・61
キルヒホッフの法則 ・・・・・75
記録メディア ・・・・・・・・・・128
近接センサー ・・・・・・・・・185
空気電池 ・・・・・・・・・・・・・151
クーラー ・・・・・73,161,181
クーロン ・・・・・・・・・・・・・・・65
クーロンの法則 ・・・・・・・・64
クーロン力 ・・・・・・・・・・・・・64
グリッド ・・・・・・・・・・・・・・・163

204

[サ　行]

[タ　行]

INDEX

ダイオード ・・・・・・・・61,156
ダイポールアンテナ ・・・・188
太陽光 ・・・・・・・・・・・・・・140
太陽光発電・・・・・・・・・・・140
太陽電池 ・・・115,140,151
ダニエル電池 ・・・・・・69,150
単3形 ・・・・・・・・・・・・・・152
単相交流 ・・・・・・・・・・・・173
単層電池 ・・・・・・・・・・・・152
単相二線式 ・・・・・・・・・・172
炭素白熱電球 ・・・・・・・・・・94
短波 ・・・・・・・・・・・・・・・・186
短絡 ・・・・・・・・・・・175,177
力 ・・・・・・・・・・・・・・・・・・14
蓄電 ・・・・・・・・・・・・・・・154
蓄電器 ・・・・・・・・・・・58,60
蓄電池 ・・・・・・・・・・・・・151
地磁気 ・・・・・・・・19,51,76
地上波デジタル放送
　・・・・・・・・・・・・・186,189
地電流 ・・・・・・・・・・・・・・29
地熱発電・・・・・・・・・・・・144
柱上変圧器
　・・・・131,149,172,174
中性子 ・・・・・・・・・・22,139
中波・・・・・・・・・・・・・・・186
超音波式リモコン・・・・・・184
超電導 ・・・・・・・・・・・・・122
超電導送電システム ・・・・147
長波 ・・・・・・・・・・・・・・・186
潮力発電 ・・・・・・・・・・・144
直線磁界 ・・・・・・・・・・・・83
直線電流 ・・・・・・・・・・・・82
直流 ・・・・・・・・・・・・・・・・42
直流電流 ・・・・・・・・・・・154
直流電力 ・・・・・・・・94,100
直流発電 ・・・・・・・・95,100
直流モーター ・・・・・・・・・98
直列 ・・・・・・・・・・・・27,37
通信 ・・・・・・・・・・・102,186
ディーゼルエンジン ・・・・136
ディーゼル機関車 ・・・・・100
抵抗 ・・・・・・・・・・36,40,74
テーブルタップ ・・・・・・・・46
テレビ ・・・・・・・・125,186
電圧
　・・・12,18,26,28,30,32,
　36,40,42,44,47
電圧降下の法則 ・・・・・・・・75
電圧調整 ・・・・・・・・・・・172

電位 ・・・・・・・・・・・・・・・・28
電位差 ・・・・・・・・・・・・・・28
電荷 ・・・・・23,50,64,154
電界の素 ・・・・・・・・・・・107
電気アシスト自転車 ・・・・145
電気オーブン・・・・・・・・・183
電気機関車 ・・・・・・・・・・101
電気コード ・・・・・・・・・・・46
電気コンセント
　・・・・・・・・・・・43,46,172
電気事故 ・・・・・・・・・・・176
電気照明 ・・・・・・・・・・・・94
電気素量 ・・・・・29,65,201
電気抵抗 ・・・・・・・・36,147
電気の種類 ・・・・・・・53,63
電気の正体 ・・・・・・20,110
電気の向き ・・・・・・・・・・20
電気の素 ・・・・・・・・・・・・79
電気ヒーター ・・・・・・・・183
電気火花 ・・・・・・108,176
電気分解 ・・・・・・・・・・・・70
電気盆 ・・・・・・・・・・・・・・56
電気モーター ・・・・17,90,98
電球 ・・・・・・・・37,94,179
電球型蛍光灯 ・・・・・・・・179
電子
　・・19,20,22,63,110,114
電磁石 ・・・・・・・・・・・・・・84
電子の軌道 ・・・・・・・・・・23
電子の公転と自転 ・・79,111
電磁波
　・・・・・106,108,113,116,
　182,186
電磁波障害 ・・・・・・・・・・177
電子ビーム ・・・・・・124,179
電磁誘導 ・・・・・85,183,188
電子レンジ ・・・・・・・・・・182
電信 ・・・・・・・・・・・・・・・102
電線 ・・・・・・・・・・・・・・・146
電池 ・・・・・・・・21,42,150
電動機 ・・・・・・・・90,92,98
電熱供給 ・・・・・・・・・・・135
電波 ・・・15,106,185,186
電波時計 ・・・・・・・・・・・187
電離層 ・・・・・・・・・・・・・186
電流
　・・・・・・12,18,20,22,26,
　30,32,36,40
電流計 ・・・・・・・・・・・・・・81
電流遮断器 ・・・・・・・・・・175

電流の向き ・・・・・・20,111
電流保存の法則 ・・・・・・・75
電力 ・・・・・・・・・・・・12,32
電力システム ・・・・・・・・・95
電力量 ・・・・・・・・・34,174
電力量計 ・・・・・・・・・・・175
電話・・・・・・・・・・・・・・・104
電話交換機・・・・・・・・・・164
導線 ・・・・・・・・・・・・20,36
導体 ・・・・・・・・・・・24,166
トラッキング現象 ・・・・・177
トランシーバ ・・・・・・・・187
トランジスタ ・・・・・61,164

[ナ 行]

内燃機関・・・・・・・・・・・・100
内燃機関発電・・・・・・・・・136
ナノマシーン ・・・・・・・・170
鉛蓄電池 ・・・・・・・151,153
ニクロム線 ・・・・・・・・・・183
二次電池 ・・・・・・・・・・・151
ニュートンの古典力学 ・・118
ネオン灯 ・・・・・・・・19,178
熱 ・・・・・・・・・・・・・・・・・15
熱交換・・・・・・・・・・・・・181
燃料電池 ・・・・・70,142,151
濃縮器 ・・・・・・・・・・・・・・61
能動素子 ・・・・・・・・・・・・61
脳波・・・・・・・・・・・・・・・191

[ハ 行]

ハードディスク ・・・・・・・128
バイオマス発電 ・・・・・・・145
配電(分配)遮断器 ・・・・・175
ハイドロクロロフルオロ
　カーボン・・・・・・・・・・181
ハイビジョン
　・・・・・・・・・125,186,188
ハイブリッドカー ・・・・・145
箔検電器 ・・・・・・・・・58,60
白熱電球 ・・・・・・・・94,178
パソコン・・・・・・・・・・・・169
波長・・・・・・・・・・・・・・・186
発光色 ・・・・・・・・・・・・・179
発光ダイオード
　・・・・・・・・・・114,158,178
バッテリー ・・・42,151,153
発電 ・・・・・・・・・・・・・・・130

発電機 ・・・・・・・90,98,150
発電所・・・・・・・・・・・・・・・131
発動機・・・・・・・・・・・・・・・136
パラボラアンテナ・・・・・188
波力発電・・・・・・・・・・・・・144
ハロゲン・・・・・・・・・・・・・178
半導体・・・・・・・・・・・25,141
反発力・・・・・・・・・・・・64,78
ビオ・サバールの法則・・・・84
光・・・・・・15,106,114,116
光エネルギー・・・・・・・・・158
光起電力・・・・・・・・・・・・・140
光磁気ディスク・・121,128
光通信・・・・・・・・・・・・・・・120
光の3原色・・・・・124,159
光ファイバーケーブル・・121
光誘導放出・・・・・・・・・・・121
引込線・・・・・・・・・172,174
非破壊内部検査・・・・・・・187
ヒューズ・・・・・・・・・・・・・175
避雷針・・・・・・・・・・・63,175
フィラメント・・37,94,178
風車・・・・・・・・・・・・・・・・・141
ブースター・・・・・・・・・・・189
風力発電・・・・・・・・・・・・・141
復水・・・・・・・・・・・・・・・・・135
複層電池・・・・・・・・・・・・・152
不随意筋・・・・・・・・・・・・・191
物質波・・・・・・・・・・・・・・・158
物理電池・・・・・・・・・・・・・151
ブラウン管・・・・・・・・・・・124
ブラウン管テレビ・・・・・125
プラズマ・・・・・・・・・・・・・・19
プラズマディスプレイ・・126
フランクリンの凧・・・・・・・63
ブリッジ回路・・・・・・・・・157
プリント基板・・・・・・・・・167
プルトニウム・・・・・・・・・139
ブレーカ・・・・・・・・・・・・・175
ブレーキ回生発電・・・・・145
プレート・・・・・・・・・・・・・162
フレミングの法則・・・・・・・88
フロッピーディスク・・・128
フロン・・・・・・・・・・・・・・・181
分子・・・・・・・・・・・・・・・・・・23
分子磁石・・・・・・・・・・・・・・78
分電盤・・・・・・・・・・・・・・・175
平滑回路・・・・・・・・・・・・・157
並列・・・・・・・・・・・・・・27,37
ベース・・・・・・・・・・・・・・・165

ペルチェ効果・・・・・・・・・・・73
ペルチェ素子・・・・・73,180
ヘルツ・・・・・・・・・・・・・・・・44
変圧・・・・・・・・・・・130,172
変圧器(トランス)
・・・・・・・・・・・・43,87,148
変電・・・・・・・・・・・・・・・・・130
変電所・・・・・・・・・131,149
変電灯・・・・・・・・・・・・・・・149
変電設備・・・・・・・・・・・・・149
ボイラー・・・・・・・・・・・・・134
方位磁針(コンパス)
・・・・・・・・・・・19,51,77,80
放射性物質・・・・・・・・・・・139
放送・・・・・・・・・・・・・・・・・186
放電現象・・・・・94,110,178
放電灯・・・・・・・・・・・94,178
ホール・・・・・・・・・・・・・・・156
ボタン電池・・・・・・・・・・・151
ホットプレート・・・・・・・183
ボリューム・・・・・・・・・・・・38
ボルタ電池・・・・・・・68,150
ボルト・・・・・・・・・・・・26,29

[マ 行]

マイクロウェーブ・・・・・182
マイクロ加工ロボット・・170
マイクロガスタービン・・137
マイクロ波・・・・・・・・・・・187
マイクロフォン・・・・・・・104
マイクロプロセッサ
ユニット・・・・・・・・・・・169
マクスウェルの電磁場理論
・・・・107,109,116,118
マンガン乾電池・・151,152
水の電気分解・・・・・71,142
水の分子・・・・・・・・・・・・・182
脈流・・・・・・・・・・・・・96,157
無線・・・・・・・・・・・105,186
無線LAN・・・・・・・・・・・187
無線電信・・・・・・・・・・・・・105
無線電話・・・・・・・・・・・・・105
無停電電源装置・・・・・・・151
モールス信号・・・・103,168

[ヤ 行]

屋井式乾電池・・・・・・・・・151
夜間照明・・・・・・・・・・・・・185
有機ELディスプレイ・・126

誘電体・・・・・・・25,48,154
誘電分極・・・・・・・・・25,48
誘導起電力・・・・・・・・81,87
誘導電流・・・・・・・・・・85,99
陽子・・・・・・・・・・・・・19,22
溶断・・・・・・・・・・・・・・・・・175

[ラ 行]

ライデン瓶・・・・・・・54,151
落雷・・・・・・・・・・・・・・・・・・48
ラジオ・・・・・・・・・・・38,186
ラジオコントローラ
(ラジコン)・・・・・・・・・187
羅針盤・・・・・・・・・・・・・・・・76
リチウムイオン充電池・・153
リニアモーター・・・・・・・123
リモートコントローラ
(リモコン)・・・・・・・・・184
ルクランシュ電池・・・・・151
冷却・・・・・・・・・・・・・・・・・180
冷蔵庫・・・・・・・・・・・・・・・181
冷媒・・・・・・・・・・・・・・・・・181
レーザー・・・・・・・・114,121
レーザーディスク
・・・・・・・・・・・・・・121,128
レーダー・・・・・・・・・・・・・187
レジスタ・・・・・・・・・41,61
レンツの法則・・・・・・・・・・86
レントゲン・・・・・・112,187
漏電・・・・・・・・・・・175,177
漏電遮断器・・・・・・・・・・・175
ロードストーン・・・・・・・・76
ローレンツ力・・・・・・・・・111
ロボット・・・・・・・・・・・・・170
ロボットスーツ・・・・・・・170
論理回路・・・・・・・・・・・・・169

[ワ 行]

ワイヤード式・・・・・・・・・184
ワイヤレスコントローラ184
ワット・・・・・・・・・・・・・・・・33
ワットアワー・・・・・・・・・・35

著者●電気技術研究会（でんきぎじゅつけんきゅうかい）

著者代表●細田 孝高（ほそだ よしたか）
1971年生まれ。岩手県で電気設備の保守管理などを行う。(株)細田電気管理事務所の代表取締役社長を勤める傍ら、木のエネルギー利用について調査研究や広報活動を行う。岩手・木質バイオマス研究会で、2001年より広報担当事務局、2007年より事務局長「バイオマスサミットinいわて　バイオマスフォーラム2005～2007」の企画、運営などを行うほか、再生可能エネルギー、省エネルギー関係の実用的な運用技術開発を行っている。

編集協力 ……中央編集舎（鈴木健二）
編集担当 ……ナツメ出版企画株式会社（伊藤雄三）

よくわかる電気《でんき》のしくみ

2012年5月30日 発行

著　者　電気技術研究会《でんきぎじゅつけんきゅうかい》
発行者　田村正隆

発行所　株式会社ナツメ社
東京都千代田区神田神保町1-52 ナツメ社ビル1F（〒101-0051）
電話　03(3291)1257（代表）　FAX　03(3291)5761
振替　00130-1-58661

制　作　ナツメ出版企画株式会社
東京都千代田区神田神保町1-52 ナツメ社ビル3F（〒101-0051）
電話　03(3295)3921（代表）

印刷所　ラン印刷社

ISBN978-4-8163-4412-1　Printed in Japan

〈定価はカバーに表示しています〉
〈落丁・乱丁本はお取り替えします〉